# 逻辑思维

张 乐 编著

辽海出版社

**图书在版编目（CIP）数据**

逻辑思维 / 张乐编著 . —沈阳：辽海出版社，
2018.12

ISBN 978-7-5451-5216-6

Ⅰ . ①逻… Ⅱ . ①张… Ⅲ . ①逻辑思维—通俗读物
Ⅳ . ① B804.1-49

中国版本图书馆 CIP 数据核字（2019）第 027152 号

**逻辑思维**

责任编辑：柳海松
责任校对：丁　雁
装帧设计：廖　海
开　　本：630mm×910mm
印　　张：14
字　　数：201 千字
出版时间：2019 年 3 月第 1 版
印刷时间：2019 年 8 月第 2 次印刷

出版者：辽海出版社
印刷者：北京一鑫印务有限责任公司

ISBN 978-7-5451-5216-6　　　　　定　　价：68.00 元

# 前　言

　　生活中，逻辑无处不在。无论我们是有意还是无意，逻辑无时不在服务于我们的生活，思考、工作、生活中，处处可见逻辑的影子。逻辑是所有学科的基础，无论你想学习哪一门专业，要想学得好，学得快，都要有较强的逻辑思维能力。

　　现今社会，逻辑思维能力越来越被人重视，不仅学生应试要具备必需的逻辑思维能力，就是考 MBA、考公务员也有逻辑测试题，世界著名公司的招聘面试中，有关逻辑思维能力的题更是必考内容。逻辑思维能力之所以越来越被人重视，一个很重要的原因就是逻辑思维能力强的人思维极其活跃，应变能力、创新能力、分析能力甚至领导能力在某种程度上都高于他人。拥有这样能力的人，无论是在学习、生活中，还是工作中，都能有卓越的表现。

　　一般来说，每个人的逻辑思维能力都不是一成不变的，它是一个永远也挖不完的宝藏，只要懂得基本的规则与技巧，再加上适当的科学训练，每个人的逻辑思维能力都能获得极大的提升。而游戏是人的天性，在游戏中培养和锻炼人的逻辑思维能力，无疑是提高智力的一种极好方式。

　　《逻辑思维》是一部既有理论又有实战的思维训练百科全书。本书介绍了逻辑学的基本原理和相关技巧，从逻辑的概念、类型，到论证方法，到基本规律，把看似枯燥难懂的内容，以贴近生活、通俗易懂的方式讲述得明明白白。难度由浅入深，帮助读者发掘出头脑中的资源，打开洞察世界的窗口，向读者提供了一种思考问题的方式和角度，构建全方位的视角，为各种问题的解决和思考维度的延伸提供了行之有效的指导。

这是一部活跃思维的大型工具书，我们将以最轻松的方式帮你挖掘大脑潜能，以最有效的形式助你活跃思维，提高分析和解决各种难题的能力。当你跟着本书的指引，通过认真思考和仔细观察，成功地解决了问题之后，你会欣喜地发现，那些拥有卓绝成就的人所具备的超凡思维能力，并不是遥不可及的。通过完成书中的训练题，你可以冲破思维定式，试着从不同的角度思考问题，不断地进行逆向思维，换位思考，无论是参加世界 500 强企业面试，还是报考公务员、MBA 等，都能轻松应对。运用从本书中学到的各种逻辑思维方法，能够帮助你成功破解各种难题，让你全面开发思维潜能，成长为社会精英和时代强者。

本书既可作为提升逻辑力的训练教程，也可作为开发大脑潜能的工具。不同年龄的人，不同角色的人，都可以从这本书中获得深刻的启示。阅读本书，能让你思维更缜密，观察更敏锐，想象更丰富，心思更细腻，做事更理性。

# 目 录

# 第一章　逻辑思维的伟大力量

## 逻辑和思维密不可分

"逻辑"（logic）这个词是个舶来语，来源于古希腊语即"逻各斯"。逻各斯原指事物的规律、秩序或思想、言辞等。现代汉语中，不同的语境里，"逻辑"自有它不同的含义。比如，"中国革命的逻辑""生活的逻辑""历史的逻辑""合乎逻辑的发展"中的"逻辑"，表示事物发展的客观规律；"这篇文章逻辑性很强""说话、写文章要合乎逻辑""做出合乎逻辑的结论"中的"逻辑"表示人类思维的规律、规则；"大学生应该学点逻辑""传统逻辑""现代逻辑""辩证逻辑""数理逻辑"中的"逻辑"表示一门研究思维的逻辑形式、逻辑规律及简单的逻辑方法的科学——逻辑学；"人民的逻辑""强盗的逻辑""奴隶主阶级的逻辑"中的"逻辑"则指一定的立场、观点、方法、理论、原则。

"逻辑"一词来源于西方，但并不意味着逻辑就是西方的独创，古代东方对逻辑也有研究和应用，古代中国先秦时期的"名学""辩学"和古印度的"因明学"都是逻辑学应用的典范。这说明逻辑思维是人类思维的一个共性。

这也说明，逻辑和思维是密不可分的。

有人把思维分为两种类型，即抽象（逻辑）思维和形象（直感）思维。辩证唯物主义认识论认为，人们在社会实践中对客观事物的认识分为两个阶段。

第一阶段：直接接触外界事物，在人脑中产生感觉、知觉和表象。

第二阶段：是对综合感觉的材料加以整理和改造，逐步把握事物的本质和规律性，从而形成概念，构成判断（命题）和推理。这一阶段是人们的理性认识阶段，也就是思维的阶段。

这就是说，人们认识世界主要通过两种方式。一种是亲知，即通过自己的感官来感觉和体验；另一种是推知，也就是思维，即从已经获得的知识来推论一些知识。因此，思维在人们的认识活动中起着十分重要的作用。

所谓的思维，简单地说，就是人们"动脑筋""想办法""找答案"的过程，并且，它一定同人们的认知过程相联系，必须是主要依靠人的大脑活动而进行的，否则，我们只能叫它感知（认识的第一阶段），而不是思维。换句话说就是，只有主要依靠人的大脑对事物外部联系综合材料进行加工整理，由表及里，逐步把握事物的本质和规律，从而形成概念、建构判断和进行推理的活动才是思维活动。

概念、判断、推理是理性认识的基本形式，也是思维的基本形式。概念是反映事物本质属性或特有属性的思维形式，是思维结构的基本组成要素。判断（命题）是对思维对象有所判定（即肯定或否定）的思维形式，它是由概念组成的，同时，它又为推理提供了前提和结论。推理是由一个或几个判断推出一个新判断的思维形式，是思维形式的主体。

而概念、判断、推理和论证，恰恰是逻辑所要研究的基本内容。因此，我们说逻辑是关于思维的科学。

当然，逻辑并不研究思维过程的一切方面。思维的种类有很多，形象思维、直觉思维、创造思维、发散思维、灵感思维、哲学思维等，这些思维都与人们的大脑活动有密切关系，但都不是逻辑思维。只有人们在认识过程中借助于概念、判断、推理等思维的逻辑形式，遵守一定的逻辑规则和规律，运用简单的逻辑方法，能动地反映客观现实的理性认识过程才叫逻辑思维，又称理论思维。这就是说，逻辑只从思维过程中抽象出思维形式（概念——判断——推理）来加以研究，准确地说，逻辑是关于思维形式的科学。

但是，人的大脑的思维活动深藏于脑壳之内，看不见摸不着，它一定要借助外在的载体——语言，才能表现出来。因此，我们说逻辑思维和语言有着不可分割的联系。人们在运用概念及进行判断、推理的思维活动时，是一刻也离不开语词、语句等语言形式的。

我们知道，语言的表达方式无外乎有语词、语句和句群，它们被形式化之后就成为思维的逻辑形式——思维内容各部分之间的联系方式（形式结构），亦即思维形式与语言形式是相对应的。思维形式的概念通过语言形式的词或词组来表达；思维形式的判断通过语言形式的句子来表达，思维形式的推理通过语言形式的复句或句群来表达。没有语词和语句，也就没有概念、判断和推理，从而也就不可能有人的逻辑思维活动。

比如，"桂林""山""水""甲""天""下"，这6个概念是借助于6个语词来表达的，没有这6个语词，就不能表达这6个概念。再比如，"桂林山水甲天下"，这是一个判断，它是借助于一个语句来表达的，没有这个语句，就无法表达这个判断。

再看下面的小故事：

爱尔兰文学家萧伯纳在一个晚会上独自坐在一旁想着自己的心事。

一位美国富翁非常好奇，他走过来说："萧伯纳先生，我愿出一块钱来打听您在想什么？"

萧伯纳抬头看了一眼这富翁，略加思索后说道："我想的东西不值一块钱。"

富翁更加好奇地问："那么，你究竟在想什么呢？"

萧伯纳笑了笑，回答说："我想的东西就是您啊！"

萧伯纳的思维过程用逻辑语言整理一下的话，就是：我想的东西不值一块钱；那位富翁是我想的东西；所以，那位富翁不值一块钱。萧伯纳的思维过程，从思维形式上看，是由3个语句组成的一个推理，没有这 3 个语句，这个推断也就不能存在了。

　　思维专属于人类，这是不争的事实。即使是最被人看好的类人猿、猴子、海豚等都不能有思维的属性，因为思维是和语言相连接的，没有语言和文字的动物是没有思维的。逻辑、思维形式、语言形式三者是密不可分的，了解了这一点，更加有助于提升我们的逻辑思维能力。

## 逻辑起源于理智的自我反省

　　古代中国的名学（辩学）、古希腊的分析学和古代印度的因明学并称为逻辑学的三大源流。不过，当时的逻辑学并不是一门独立的学科，而是包含于哲学之中。

　　中国的先秦时代是诸子百家争鸣、论辩之风盛行的时期，逻辑思想在当时被称为"名辩之学"。先秦的"名实之辩"几乎席卷了所有的学派。当时，出现了一批被称为"讼师""辩者""察士"的人，如邓析、惠施、公孙龙等。他们或替人打官司或聚徒讲学，"操两可之说，设无穷之辞"，提出了许多有关巧辩、诡辩和悖论性的命题。其中，以墨翟为代表的墨家学派对逻辑学的贡献最大。在墨家学派的著作《墨经》中，对概念、判断、推理问题做了精辟的论述。不过，"名学""辩学"作为称谓先秦学术思想的用语，并非古已有之，而是后人提出的，到了近代才被学术界普遍接受。

　　逻辑学在古代印度被称为"因明学"，因，指推理的根据、理由、原因；明，指知识、学问。"因明"就是关于推理的学说，起源于古印度的辩论术。相传，上古时代的《奥义书》就已提到了"因明"。释迦牟尼幼时，也曾在老师的指导下学习过"因明"。不过，因明真正形成自己独立完整的体系，则是 2 世纪左右的事。其主要学术代表作为陈那的《因明正理门论》、商羯罗主的《因明入正理论》等。

　　古希腊是逻辑学的主要诞生地，经过公元前 6 世纪到公元前 5 世纪的发展后，在公元前 4 世纪由亚里士多德总结创立了古典形式逻辑。亚里士多德写了包括《范畴篇》《解释篇》《前分析篇》《后分析篇》《论辩篇》《辩谬篇》等在内的诸多论文，全面系统地研究了人类的思维及范畴和概念、判断、推理、证明等问题，这在西方逻辑学的历史上尚属首次。

在古代中国、印度和希腊，一些智慧之士已经意识到了适当运用日常生活中语言或思维中存在的机巧、环节、过程的重要性，并开始对其进行反省与思辨，从而留下了许多为人们津津乐道的有趣故事。

### 白马非马

公孙龙（公元前320年~公元前250年），战国时期赵国人，曾经做过平原君的门客，是名家的代表人物。其主要著作《公孙龙子》，是著名的诡辩学代表著作。其中最重要的两篇是《白马论》和《坚白论》，提出了"白马非马"和"离坚白"等论点，是"离坚白"学派的主要代表。

在《白马论》中，公孙龙通过三点论证证明了"白马非马"的命题。

其一，"马者，所以命形也；白者，所以命色也；命色者非命形也，故曰：白马非马。"公孙龙认为，"马"的内涵是一种哺乳类动物；"白"的内涵是一种颜色；而"白马"则是一种动物和一种颜色的结合体。"马""白""白马"三者内涵的不同证明了"白马非马"。

其二，"求马，黄黑马皆可致。求白马，黄黑马不可致。……故黄黑马一也，而可以应有马，而不可以应有白马，是白马之非马审矣。"在这里，公孙龙主要从"马"和"白马"概念外延的不同论证了"白马非马"。即"马"的外延指一切马，与颜色无关；"白马"的外延仅指白色的马，其他颜色则不行。

其三，"马固有色，故有白马。使马无色，有马如已耳。安取白马？故白者，非马也。白马者，马与白也，马与白非马也。故曰：白马非马也。"共相是哲学术语，简单地说就是指普遍和一般。"马"的共相是指一切马的本质属性，与颜色无关；"白马"的共相除了马的本质属性外，还包括了颜色。公孙龙意在通过说明"马"与"白马"在共相上的差别来论证"白马非马"。

公孙龙关于"白马非马"这个命题探讨，符合同一性与差别性的关系以及辩证法中一般和个别相区别的观点，在一定程度上纠正了当时名实混乱的现象，有一定的合理性和开创性。

不过，在我国古代对逻辑学的研究中，当属墨家的《墨经》和荀子的《正名篇》贡献最大。《墨经》中提出了"以名举实，以辞抒意，以说出故"的重要思想。其中，"名"相当于概念，"辞"相当于判断或命题，"说"相当于推理，即人们在思维、认识和论断过程中，是用概念来反映事物，用判断来表达思想，以推理的形式来推导事物的因果关系。墨家对概念、判断、推理所做的精辟论述，对逻辑学的发展影响深远。

### 三支论式

印度的因明学一直和佛教联系在一起，事实上它的出现就是为了论证佛教教义。古印度最早的因明学专著《正理经》是正理派的创始人足目整理编撰的，《正理经》可说是因明之源。在《正理经》中，足目建立了因明学的纲要——十六句义（又称十六谛），即十六种认识及推理论证的方式。《正理经》几乎贯穿了整个印度的因明史，对印度因明学的发展意义重大。

陈那在印度逻辑史上是一位里程碑式的人物，他创立了新因明的逻辑系统，故被世人誉为"印度中古逻辑之父"。他在《因明正理门论》中提出了"三支论式"，认为每一个推理形式都是由"宗"（相当于三段论的结论）、"因"（相当于三段论的小前提）、"喻"（相当于三段论的大前提）三部分组成。比如：

宗：她在笑

因：她遇到了高兴的事

喻：遇到了高兴的事都会笑

比如她获奖了

### 说谎者悖论

在古希腊，有过许多与逻辑学产生有关的奇人趣事，闪烁着智慧的光芒。关于"说谎者悖论"就是其中很有意思的一个。

公元前6世纪，古希腊克里特岛人匹门尼德说了一句著名的话：

所有的克里特岛人都说谎。

那么，他这句话到底是真是假？若是真话，他本人也是克里特岛人，就表示他也说谎，那么这就是假话；若是假话，就说明还有克里特岛人不说谎，那他说的就是真话。于是就出现了一个悖论。公元前4世纪，麦加拉派的欧布里德斯把该这句话改为："一个人说：我正在说的这句话是假话。"这句话究竟是真是假？对此，你也可以得出一个悖论。这就是"说谎者悖论"。后来，"说谎者悖论"演变出了一种关于明信片的悖论。一张明信片的正面写着："本明信片背面的那句话是真的。"明信片的背面则写着："本明信片正面的那句话是假的。"无论你从哪句话理解，你都只能得出一个悖论。

悖论指在逻辑上可以推导出互相矛盾的结论，但表面上又能自圆其说的命题或理论体系。它的特点就在于推理的前提明显合理，推理的过程合乎逻辑，推理的结果却自相矛盾。那么，悖论究竟是如何产生的？又怎样去避免？我们该怎样看待悖论？这直到现在都没有定论。

古代的智慧之士提出的这些巧辩、诡辩和悖论，不仅是对人类语言和思维的把玩与好奇，更是对其中各种有趣现象和问题的自我反省与思辨。他们对人类理智的这种自我反省与思辨驱使一代又一代的人去研究、探索，最终形成了一门充满智慧的学科——逻辑学。

## 逻辑思维的基本特征

人们通常说的思维是指逻辑思维或抽象思维。逻辑思维（logical thinking），是指人们在认识过程中借助于概念、判断、推理等思维形式能动地反映客观现实的理性认识过程，又称理论思维。它是人脑对客观事物间接概括的反映，它凭借科学的抽象揭示事物的本质，具有自觉性、过程性、间接性和必然性的特点。逻辑思维是人的认识的高级阶段，即理性认识阶段。只有经过逻辑思维，人们才能达到对具体对象本质的把握，进而认识客观世界。

逻辑学是逻辑思维的理论基础，逻辑思维正是在逻辑学理论的指导下进行的。所以，逻辑思维的基本特征与逻辑学的性质以及逻辑学的研究内容紧密相关。

就像声音是以空气作为媒介传播的一样，逻辑思维是通过概念、命题、推理等思维形式来传递信息和知识的。如果没有概念、命题、推理，逻辑思维就无法进行。这就像如果没有空气，声音就不能传播一样。只有确定了概念的内涵和外延、命题的真假和推理过程的合理明确，人们才能进行正确有效的逻辑思维。可以说，正是概念、命题和推理成就了逻辑思维的意义。

1938 年，针对希特勒在德国的独裁统治，喜剧大师卓别林以此为题材写出了喜剧电影剧本《独裁者》，对希特勒进行了辛辣的讽刺。但是，就在电影将要开机拍摄之际，美国派拉蒙电影公司的人却声称："理查德·哈定·戴维斯曾写过一出名字叫做《独裁者》的闹剧，所以他们对这名字拥有版权。"卓别林派人跟他们多次交涉无果，最后只好亲自登门去和他们商谈。最后，派拉蒙公司声称：他们可以以 2.5 万美元的价格将"独裁者"这个名字转让给卓别林，否则就要诉诸法律。面对对方的狮子大开口，卓别林无法接受。正在无计可施之际，他灵机一动，便在片名前加了一个"大"字，变成了《大独裁者》。这一招让派拉蒙公司瞠目结舌，却又无话可说。

在这里，卓别林就是通过混淆了概念的内涵和外延（即概念的属种问题）巧妙地解决了派拉蒙公司的赔偿要求。在属种关系中，外延大的、包含另一概念的那个概念，叫做属概念；外延小的，从属于另一概念的那个概念叫做种概念。比如语言和汉语，语言就是属概念，汉语则是种概念。"独裁者"和"大独裁者"是两个相容关系的概念。前者外延大，是为属概念；后者外延小，是为种概念。在这个事例中，"独裁者"便是"大独裁者"的属概念。可见，只有对概念的内涵与外延有了明确的认识，才能进行正确的逻辑思维。同时，命题的真假和推理结构关系的不明晰也会影响逻辑思维，在此不再一一举例。

逻辑思维以真假、是非、对错为目标，它要求思维中的概念、命题和推理具有确定性。也就是说，在进行逻辑思维时，概念在内涵和外延上的含义应该有确定性；命题的真假及对研究对象的推理判断也应该有确定性。遵循思维过程中的确定性的逻辑思维才是正确的逻辑思维，反之则是不合逻辑或诡辩。

老虎是动物，所以小老虎是小动物。

下述哪个选项中出现的逻辑错误与题干中的最为类似？

A. 这道题这么做看上去既像对的，又像错的，都有点像。

B. 许多后来成为老板的人上大学时都经常做些小生意，所以经常做小生意的人一定能成为老板。

C. 在激烈的市场竞争中，产品质量越好并且广告投入越多，产品需求量就越大。A公司投入的广告费比B公司多，所以市场对A公司产品的需求量就大。

D. 故意杀人犯应判处死刑，行刑者是故意杀人者。所以行刑者应该判处死刑。

题干中"老虎是动物"是前提，"所以小老虎是小动物"是结论。显然，这是一个错误的结论。那么，错误出在哪儿呢？"老虎是动物"这个命题是正确的，小老虎也是老虎，所以小老虎也是动物。小动物是指体型较小的动物，比如猫、狗等宠物，小老虎只是年龄小。年龄和体型是两个概念，说"小老虎是小动物"其实是偷换了"小"的概念。在这里，只有D项中犯了"偷换概念"的逻辑错误，把"执法"曲解为"谋害"了。A项违背了排中律和矛盾律，B项则是把先做小生意后成为老板的"相继"关系当成了因果关系。C项命题、结论都是错的。

逻辑关系是逻辑思维的中心关节，只有理清逻辑关系，再对研究对象做逻辑分析，才能解决问题。命题之间的关系包括矛盾关系、反对关系、蕴涵关系、等值关系等，论据之间的关系包括递进关系、转折关系、并列关系等。只有弄清楚推理中的命题和论据各自的关系，才能进行正确的逻辑思维。

玫瑰和月季在英文里通俗的叫法都是rose。只是在早期的文学翻译中，把中国传统品种的月季还叫月季，而把西方的现代月季翻译成玫瑰。玫瑰和月季在花形上有许多相同的特征，所以有人认为所有具有这些特征的都是玫瑰。

如果上面的陈述和判断都是真的，那下面哪一项也一定为真？

A. 玫瑰与月季的相似之处要多于和其他花的相似之处。

B. 对所有的花来说，如果他们在花形上有相似的特征，那么在花的结构和颜色上也会有相同的特征。

C. 所有的月季都是玫瑰。

D. 玫瑰就是月季。

显然，题干中问题的性质是要确定逻辑关系，也就是确定选项中哪一项是题干的逻辑结论。我们首先需要提取题干中的主要信息，即"玫瑰和月季在花形上有许多相同的特征"和"所有具有这些特征的都是玫瑰"。然后，我们就可以根据它们的逻辑关系选择合乎其逻辑的选项。"玫瑰和月季在花形上有许多相同的特征"就是说所有月季都具有玫瑰的某些特征。因为"所有具有这些特征的都是玫瑰"，所以就得出"所有的月季都是玫瑰"的结论。在这里就涉及逻辑结论与生活经验的冲突，因为"所有的月季都是玫瑰"的结论虽然合乎本题逻辑，却有违园艺学常识。因为，从园艺学上讲，玫瑰只是月季的一个品种。所以，如果我们要求"结论的真实性的话"，那么就要对推理形式的有效性和推理前提的真实性做出保证。

需要指出的是，在对推理或论证进行分析的时候，要遵循逻辑学的程序和规则。但是，逻辑学并非一个完美无瑕的学科，它也有着自身的局限性。而且在追求知识的确定性的过程中，由于方法论本身存在着缺陷，所以逻辑学的程序和规则就受到了相应的挑战。这就要求我们在进行推理论证时要不断地对逻辑思维进行批判、修改和完善。

## 逻辑学的研究对象是什么

提到逻辑学，就不能不提到亚里士多德。这位古希腊伟大的学者，也是世界历史上最伟大的学者之一，毕生都在致力于学术研究，在修辞学、物理学、生物学、教育学、心理学、政治学、经济学、美学方面写下了大量著作。此外，他也是形式逻辑的事实性奠基者与开创者，由他建立的逻辑学基本框架至今还在沿用。亚里士多德认为，逻辑学是研究一切学科的工具。他也一直在努力把思维形式与客观存在联系起来，并按照客观存在来阐明逻辑学的范畴。他还发现并准确地阐述了逻辑学的基本规律，而这对后世的研究有着巨大的影响。在经过弗朗西斯·培根、穆勒、莱布尼兹、康德、黑格尔等哲学家的研究、发展后，西方已经建立了比较成熟完善的逻辑学研究体系。

我国是逻辑学的发源地之一，对逻辑学的研究在先秦时代就已经开始。但是，这些研究都是零散地出现于各派学者的著作中，并没有形成完整的体系，也没有得到更进一步的发展。所以，一般认为，逻辑学是西方人创立的。

简单地说，逻辑学就是研究思维的科学，包括思维的形式、内容、规律和方法等各个方面。有研究者曾这样定义逻辑学："逻辑学是研究纯粹理念的科学，所谓纯粹理念就是思维的最抽象的要素所形成的理念。"抽象就是从众多的事物中抽取出共同的、本质性的特征，而舍弃其非本质的特征。比如梅花、荷花、水仙、菊花等，其共同特性就是"花"，得出"花"这个概念的过程就是抽象的过程。但要最后得出"花"这个概念，就要对这几种花进行比较，没有比较就找不出它们的共同的、本质的特征。因此，有人认为逻辑学是最难学的，因为它研究的是纯抽象的东西，它需要一种特殊的抽象思维能力。但实际上逻辑学并没有想象的那么难，因为不管多么抽象，归根到底它研究的还是我们的思维，也就是说我们的思维形式、思维方法和思维规律。

简单地说，思维就是人脑对客观存在间接的、概括的反映。既然是人脑对客观存在的反映，那就涉及反映的形式和内容的问题。也就是说，思维活动包括思维形式和思维内容两个方面。思维内容是指反映到思维中的各种客观存在，而思维形式则是指思维内容的具体组织结构以及联系方式。以语言为例，瑞士语言学家索绪尔认为，任何语言符号是由"能指"和"所指"构成的，"能指"指语言的声音形象，"所指"指语言所反映的事物的概念。比如"house"这个词，它的发音就是它的"能指"，而"房子"的概念就是它的"所指"。因此,可以说思维形式就相当于语言的"能指",思维内容就相当于语言的"所指"。思维形式和思维内容既相互区别又相互联系,就像硬币的两面,它们同时存在于同一思维活动中。古人说"皮之不存,毛将焉附",如果说思维内容是"皮",思维形式就是"毛",二者一起组成了"皮毛"。所以说,内容和形式不可对立起来,没有内容,就无所谓形式;没有形式,内容也无可表达。之所以花这么多篇幅说思维内容和思维形式的关系,就是要说明逻辑学其实就是对从思维内容中抽离出来的思维形式进行研究的。思维形式主要是指概念、判断、推理,也有研究者认为假说和论证也是思维形式。比如:

（1）所有的商品都是劳动产品。

（2）所有的花草树木都是植物。

（3）所有的意识都是客观世界的反映。

这是 3 个简单的判断,即对"商品""花草树木""意识"这 3 种不同的对象进行判断,把它们分别归属为"劳动产品""植物"和"客观世界的反映"。它们虽然反映的思维内容各不相同,但是它们前后两部分的组织结构,也就是形式是相同的,即"所有……都是……"。如果用 S 表示前一部分内容,用 P 表示后一部分内容,就可以得到一个关于判断的逻辑结构公式:

所有 M 都是 P

所有 S 都是 M

—————————————

所以,所有 S 都是 P

在逻辑学上,把上述这种最常见的判断形式称为逻辑形式,逻辑学所研究的就是有着这种逻辑形式的逻辑结构。

对于推理,我们也可以用相同的方法推导出一个公式。比如:

（1）所有的商品都是劳动产品,汽车是商品,所以,所有的汽车是劳动产品。

（2）所有的花草树木都是植物,梧桐是树,所以,所有的梧桐是植物。

上述两例都是简单的推理过程,（1）是"汽车""商品"和"劳动产品"的推理过程,（2）是"梧桐""树"和"植物"

的推理过程。二者反映的是不同的推理内容，但都包括3个概念，都是由3个判断构成的推理结构。如果用S、P、M表示3个概念，就可以得出下面的逻辑结构公式：

所有M都是P

所有S都是M

所以，所有S都是P

在逻辑学上，把这种常见的推理结构称为三段论推理的逻辑结构（或逻辑形式）。

在这里，涉及逻辑常项和逻辑变项两个概念。逻辑常项指思维形式中不变的部分，如"所有……都是……"这个结构；逻辑变项指思维形式中可变的部分，如"S"和"P"这两个概念。"S"和"P"可以是任意相应的概念，但"所有……都是……"这个结构却是固定的。

逻辑学研究的另两个对象是指思维方法和思维规律。其中，思维方法是指依靠人的大脑对事物外部联系和综合材料进行加工整理，由表及里，逐步把握事物的本质和规律，从而形成概念、建构判断和进行推理的方法。思维方法包括很多种，比如观察、实验、分析与综合、给概念下定义，等等。对各种各样的思维方法进行研究，是逻辑学的主要任务之一。

在人们运用各种思维方法对各种思维形式进行研究的过程中，也就是在人们对客观存在反映在人脑中的思维形式进行研究探讨过程中，逐渐总结出了一些规律性的、行之有效的规则，即思维规律。思维规律是人们根据长期思维活动的经验总结出来的，是人类智慧的结晶，也是人们在思维活动中必须遵循的、具有普遍指导意义的规则。在逻辑学中，思维规律主要是指同一律、矛盾律、排中律和充足理由律。其中，同一律可以用公式"A是A"表示，它指在同一思维过程中，使用的概念和判断必须保持同一性或确定性；矛盾律可以用公式"A不是非A"，它指在同一思维过程中，对同一概念的两个相互矛盾的判断至少应该有一个是假的；排中律是指在同一思维过程中，对同一概念两个相矛盾的肯定与否定判断中必有一个是真的，即"A或者非A"；充足理由律是指在思维过程中，任何一个真实的判断都必须有充足的理由。凡是符合上述思维规律的，就是正确的、合乎逻辑的思想，反之则是错误的、不合逻辑的。

由此可见，思维形式、思维方法及思维规律构成了逻辑学的主要研究内容，是逻辑学的三大主要研究对象。

## 逻辑学的性质是什么

如果要准确把握逻辑学的性质，首先要明白逻辑学的研究对象。最早把现代逻辑系统地介绍到中国来的逻辑学家之一金岳霖在他的《形式逻辑》中这样定义逻辑："以思维形式及其规律为研究对象，同时也涉及一些简单的逻辑方法的问题。"我们在上节也对逻辑学的研究对象作了分析，即对思维形式、思维方法和思维规律的研究。逻辑学的研究对象决定了逻辑学的工具性，也决定了逻辑学是一门工具性的学科。这可以说是逻辑学最为显著的性质特点。

事实上，从亚里士多德建立逻辑学开始，逻辑学就表现出了它的工具性特点。亚里士多德认为，逻辑学是认识、论证事物的工具，他的关于逻辑学的论著也被命名为《工具论》。后来，英国著名哲学家弗朗西斯·培根也把自己的著作称为《新工具》。可见，历史上的哲学家及逻辑学家对逻辑学的工具性是有着统一认识的。"工具"的释义是："原指工作时所需用的器具，后引申为为达到、完成或促进某一事物的手段。"从这个定义我们可以看出，逻辑学的工具性表现在以下两个方面：

**逻辑学是人们对事物进行判断、推理、认识的工具。**

它能够提供从形式方面确定思维正确性的知识，我们可以根据这些知识去判断推理关系的正确与否。就像语法规则，我们可以根据语法规则判断字、词、句的含义是否正确，它们的关系是否合理；又像法律，给我们提供判断违法或犯罪的凭据。语法和法律并不对具体的语言现象或行为作规定，它们只是提供一个准则，符合这些规则的就是正确的，不符合的就是错误的。逻辑学也是如此，只有符合思维规律的判断和推理才是正确的、合乎逻辑的。请看下面这则故事：

　　一个小青年拿着一个铜碗到一个古董商店里出售，声称这是一个汉代古董。站在柜台前新来的学徒小张接过铜碗一看，只见这铜碗看上去古色古香，还带有一些明显是埋在地下比较久了的锈迹。翻过来再一看碗底，还刻着"公元前21造"的字样。小张顿时觉得这碗很可能真是汉代的，这可是笔大生意啊，于是赶紧喜滋滋地将碗拿给店里的老师傅看。没想到，老师傅仅粗略一看，就"扑哧"笑出来，说道："这也太假了吧，'公元'是近代才产生的概念，汉代这么可能这么说呢？"

　　"公元"是近代才产生的概念，这个"汉代"铜碗却写着"公元前21造"，由此可见这个铜碗不是汉代的，所以是假的。在这个故事中，老师傅就是运用推理判断出了这件事的不合逻辑之处。

　　**逻辑学是我们分析概念的内涵和外延，通过思维规律的普遍指导意义获取新知识的工具。**

　　比如你看到树叶落了，就会知道秋天来了，这正是通过你对"秋天里树叶会落"的认识来推理出这个结论的；再比如，哺乳动物是一种恒温、脊椎动物，身体有毛发，大部分都是胎生，并借由乳腺哺育后代。你可以根据对哺乳动物特征的了解推理出牛、马、狗等哺乳类动物的基本特征。同样，运用这种逻辑思维规律，也可以通过正确、有效的推理获取其他知识。需要注意的是，在逻辑学上，只对推理形式的合理有效做研究，但并不保证根据思维形式和规律得到的知识一定是正确或可靠的。比如，我们前面得出的"所有的月季都是玫瑰"的结论就是这样。

　　有这么一个故事：

　　几个青年作家去拜访一位老作家，老作家热情地接待了他们。为了表示欢迎，老作家精心准备了几道菜。而且，还把各种不同的菜采用不同的颜色、种类配合搭配出了非常漂亮的造型。但是，这些菜却都不能吃，因为它们全是生菜。几个青年作家看着这些好看却不能吃的菜，又看看老作家热情的笑容，感到很不解，也很尴尬。临别时，老作家对几位青年说："听说你们最近在争论文学的形式和内容的问题，这就算是我的一点看法吧。"

很显然，老作家是在用这些形式精美但却不能吃的菜告诫青年作家们形式再漂亮，如果内容不好，也是没有意义的。老作家如此看待文学形式和内容的问题，自然无可厚非。但是逻辑学在对待形式和内容的问题，具体地说是思维的形式和内容的问题上，正好和老作家有着相反的特征。因为，逻辑学在研究思维的过程中，只关注思维的形式，而不管内容。也就是说，逻辑学是一门形式科学。

在上节，我们通过分析得出了关于推理结构的公式，即：

所有 M 都是 P

所有 S 都是 M

所以，所有 S 都是 P

在这个公式中，"所有……都是……""所以，所有……都是……"是逻辑常项，S、M、P 是逻辑变项。也就是说，S、M、P 可以是任意内容。这是因为，逻辑学追求的是对形式结构的研究，而不关注具体内容。比如在命题"所有的商品都是劳动产品，汽车是商品，所以，所有的汽车是劳动产品"中，逻辑学并不以商品的本质属性为研究对象，即便是商品从这个世界上消失了，逻辑学依然存在。逻辑学推广的是一种普遍有效的推理方式，任何对象放在这种方式里都适用。所以，从逻辑学的角度讲，它只看到了上面的公式结构，而不管"商品""汽车""劳动产品"之类的内容。就像庖丁解牛，只见骨架，不见全牛，"手之所触，肩之所倚，足之所履，膝之所踦，砉然响然，奏刀騞然，莫不中音。"因此，逻辑学是一门形式学科，这是它的另一个重要性质。

从语言学的角度讲，语言既不属于经济基础，也不属于上层建筑，这两者的变化都不会从本质上影响语言。也就是说，语言没有阶级性，也没有民族性。在这点上，逻辑学有着和语言相同的性质。也就是说，不管是哪个阶级，哪个民族，若要进行正常的思维活动，就必须遵循相同的思维规律，采取相同的思维形式和思维方法。一个至高无上的国王也好，一个衣不遮体的穷人也罢，普鲁士民族也好，俄罗斯民族也罢，只要想交流或表达思想，都要进行相同的逻辑思维。你可以否认别人的推理过程，你也可以批判别人的推理结果，但是你却不可能限制别人去进行思维活动。美国大片《盗梦空间》中的盗梦者也只是通过进入别人的梦境影响别人，而不能从本质上改变别人的逻辑思维能力。由此可见，逻辑学的超阶级性和超民族性。它是全人类的，不属于任何个人或团体。此外，逻辑学的工具性也决定了它的全人类性。它是各个阶级、民族共同使用的思维工具，是为全人类服务的一门基础性学科。

## 什么是逻辑思维命题

### 思维命题的意义

心理学家认为人类在 4 岁之前的思维是最活跃的，也是最具有开发潜能的。随着年龄的增长，随着知识的增加，人的思维逐渐被知识束缚住了。人们思考问题的时候局限在常见的、已知的圈子里，不能想到更多的解决问题的方法。一旦现有的条件不能满足常规的解决问题的途径，人们就束手无策了。因此我们需要思维命题对思维能力进行训练。

思维命题的目的是进行思维训练，而知识命题的目的是检验对专业知识的掌握程度，二者的差别很明显。比如："秦始皇在哪一年统一了中国？"这显然是纯知识性的命题。大部分人在学历史的时候都学过，都背过，但是考试之后都忘了。如果问题改为"秦始皇为什么能够统一中国"，这就是一道思维命题。还可以进一步启发思考："如果你是秦始皇，你会采取哪些措施来达到统一中国的目的？"

据说外国的考试相对于中国的考试来说很简单，中国的差生到了外国可能是中等生。但是比较一下中国和外国的作文题目，你就知道中国更侧重于知识命题，而外国更侧重于思维命题，中国学生应付知识性考试还行，但是在思维命题方面未必表现出色。

中国作文题目：

诚实和善良

品味时尚

书

我想握着你的手

谈"常识"有关的经历和看法

站在……门口

美国作文题目：

（1）谁是你们这代的代言人？他或她传达了什么信息？你同意吗？为什么？

（2）罗马教皇八世 Boniface 要求艺术家 Giotto 放手去画一个完美的圆来证实自己的艺术技巧。哪一种看似简单的行为能表现你的才能和技巧？怎么去表现？

（3）想象你是某两个著名人物的后代，谁是你的父母？他们将什么样的素质传给了你？

（4）假如每天的时间增加了 4 小时 35 分钟，你将会做什么不同的事？

（5）开车进芝加哥市区，从肯尼迪高速公路上能看到一个表现著名的芝加哥特征的建筑壁饰。如果你可以在这座建筑物的墙上画任何东西，你将画什么，为什么？

（6）你曾经不得不做出的最困难的决定是什么？你是怎么做的？

法国作文题目：

（1）艺术品是否与其他物品一样属于现实？

（2）欲望是否可以在现实中得到满足？

（3）脑力劳动与体力劳动的比较有什么意义？

（4）就休谟在《道德原则研究》中有关"正义"的论述谈一谈你对"正义"的看法。

（5）"我是谁？"——这个问题能否以一个确切的答案来

回答？

（6）能否说"所有的权力都伴随以暴力"？

当然了，我们强调思维命题的重要性，并不是说知识命题不重要。通过知识命题的训练，我们可以学到前人已经总结出的知识。但是知识命题只有唯一的答案，抑制了思维的创造性。在过去的教育中，我们过于重视知识命题，忽视了思维命题，导致很多人的思维能力有所欠缺。思维命题可以训练人的思考问题和解决问题的能力，培养正确的思维方式，使思维活跃起来，超越固定的思维模式。

逻辑思维命题

随着人类社会的发展，人们在实践的基础上认识了客观事物发展过程中的逻辑规律，于是出现了很多逻辑思维命题。

在公元前5世纪的古希腊曾经出现过一个智者哲学流派，他们靠教授别人辩论术吃饭。这是一个诡辩学派，以精彩巧妙和似是而非的辩论而闻名。他们对自然哲学持怀疑态度，认为世界上没有绝对不变的真理。其代表人物是高尔吉亚，他有3个著名的命题：

（1）无物存在；

（2）即使有物存在也不可知；

（3）即使可知也无法把它告诉别人。

这就是逻辑思维命题。

逻辑思维命题是逻辑学家通过对人类思维活动的大量研究而设计的。逻辑思维命题有两个较为显著的特征：第一个就是抽象概括性，就是抛开事物发展的自然线索和偶然事件，从事物成熟的、典型的发展阶段上对事物进行命题；第二个就是典型性，具体来说就是离开事物发展的完整过程和无关细节，以抽象的、理论上前后一贯的形式对决定事物发展方向的主要矛盾进行概括命题。

形式逻辑是一门以思维形式及其规律为主要研究对象，同时也涉及一些简单的逻辑方法的科学。概念、判断、推理是形式逻辑的三大基本要素。概念的两个方面是外延和内涵，外延是指概念包含事物的范围大小，内涵是指概念的含义、性质；判断从质上分为肯定判断和否定判断，从量上分为全称判断、特称判断和单称判断；推理是思维的最高形式，概念构成判断，判断构成推理。由形式逻辑派生出的逻辑推理命题，是逻辑学家用思维学的理论对人类的思维活动过程进行大量的研究而设计的。这类命题主要有以下的特点：

（1）在具体命题研究展开之前对研究对象进行分析。分析事物中的哪些属性相对于研究目的来说是主要的和稳定的，这种分析是对经验材料的杂多和繁复进行分离。

（2）引入还原方法，把复杂的命题材料还原为简单的命题规律格式，通过能够清晰表述的命题规律格式再现思维结构。其目的是更好地解析思维的逻辑特点及其规律。

古希腊哲学家苏格拉底、柏拉图、亚里士多德等人就是这方面的代表，他们构建了至今已有两千多年历史的形式逻辑思维框架。

苏格拉底认为自己是没有智慧的，声称自己一无所知，然而德尔菲神庙的神谕却说苏格拉底是雅典最有智慧的人。

苏格拉底在雅典大街上向人们提出一些问题，例如，什么是虔诚？什么是民主？什么是美德？什么是勇气？什么是真理？等等。他称自己是精神上的助产士，问这些问题的目的就是帮助人们产生自己的思想。他在与学生进行交流时从来不给学生一个答案，他永远是一个发问者。后来，他这种提出问题，启发思考的方式被称为"助产术"。

苏格拉底问弟子："人人都说要做诚实的人，那么什么是诚实？"学生说："诚实就是不说假话，说一是一，说二是二。"苏格拉底继续问："雅典正在与其他城邦交战，假如你被俘虏了，国王问：'雅典的城门是怎么防守的，哪个城门防守严密？哪个城门防守空虚，我们可从哪面打进去？'你说南面防守严密，北面防守疏松，可以从北面打进去。对你而言，你是诚实的，但你却是一个叛徒。"学生说:"那不行,诚实是有条件的,诚实不能对敌人,只能对朋友、对亲人,那才叫诚实。"苏格拉底又问:"假如我们中有一个人的父亲已病入膏肓,我们去看他。这位父亲问我们:'这个病还好得了吗?'我们说:'你的脸色这么好,吃得好,睡得好,过两天就会好起来。'你这样说是在撒谎。如果你坦白地告诉他:'你这病活不了几天,我们今天就是来告别的。'你这是诚实吗?你这是残忍。"学生感叹道:"我们对敌人不能诚实,对朋友也不能诚实。"接着,苏格拉底继续问下去,直到学生无法回答,于是就下课,让学生明天再问。

这种提问方式引发的思维方法可以帮助我们更清楚地认识事物的本质,对人类思维方式的训练具有重要意义。我们学习了很多知识,自以为知道很多,每个人说起自己的观点都侃侃而谈。实际上,深究起来,很多观点都经不起推敲,我们需要更深入地思考。

## 逻辑学的地位

逻辑学是一门工具性学科,也是支撑人类思维大厦的基础性学科。1974 年,联合国教科文组织将逻辑学与数学、天文学和天体物理学、地球科学和空间科学、物理学、化学、生命科学并列为七大基础学科。在其公布的"科学技术领域的国际标准命名法建议"中,更将逻辑学列于众学科之首。而且,按照它对学科的分类,逻辑学是列在"知识总论"下的一级学科。美、英、德、日等国家的学科划分也都遵照了这一标准,比如《大英百科全书》就将逻辑学列于众学科之首。

可以说,逻辑学是一门古老而又年轻的学科。说它古老,是因为在公元前 5 世纪前后,古代中国(名实之辩)、古印度(因明学)和古希腊(逻辑学)就产生了各具特色的逻辑学说,至今已有两千多年的历史;说它年轻,随着现代科学和人类实践的发展,逻辑学仍然活力四射,在自然科学技术、人文社会科学和思维科学发展的进程中日益显示出重要的理论意义和应用价值,而且还在不断地革新发展中。

传统逻辑学是由亚里士多德建立，经过历代哲学家和逻辑学家发展的逻辑学。现代逻辑学是相对于传统逻辑而言的，它广泛采用数学方法，研究的广度和深度都大大超过了传统逻辑学。尼古拉斯·雷歇尔把现代逻辑学分为五类学科群体：（1）基础逻辑：由传统逻辑、正规的现代逻辑、非正规的现代逻辑3个学科门类构成；（2）元逻辑：由逻辑语形学、逻辑语义学、逻辑语用学、逻辑语言学4个学科门类构成；（3）数理逻辑：由算术理论、代数理论、函数论、证明论、概率逻辑、集合论、数学基础等7个学科门类构成；（4）科学逻辑：由物理学的应用、生物学的应用、社会科学的应用3个学科门类构成；（5）哲学逻辑：由伦理学、形而上学、认识论方面的应用和归纳逻辑4个学科门类构成。从雷歇尔对现代逻辑的分类，可以看出逻辑学若干新的进展。可以说，现代逻辑学的产生和发展标志着逻辑学进入了新的发展阶段。

从上述逻辑学的学科分类和发展可以看出逻辑学在各学科尤其是在当代社会中占据着重要位置。而且随着它的发展，它对现代科学发展的促进作用也越来越突出。下面，我们从逻辑学对哲学、数学的发展及现代科技进步的巨大影响来说明逻辑学的地位之重要。

关于哲学与逻辑学的关系之争古已有之，事实上，逻辑学最初产生时是被划归为哲学的，它和文法、修辞一同被称为"古典三学科"。不过，从19世纪中叶起，形式逻辑（也被称为符号逻辑）已开始作为数学基础而被研究。到20世纪初，逻辑学的研究开始严重数学化，逻辑学也开始逐渐与数学结合成为一种新的发展形式，即数理逻辑。此后，逻辑学才最终脱离哲学，成为一门独立的学科。西方的许多学者一般都是一身兼逻辑学家和哲学家两职，比如康德、黑格尔、罗素等，这既有利于他们从哲学的角度研究逻辑学，也有利于他们从逻辑学角度推动哲学的发展。

罗素认为数理逻辑"给哲学带来的进步，正像伽利略给物理学带来的进步一样"。因此，他和维特根斯坦以数理逻辑为工具创立了分析哲学。在他看来，在分析哲学的发展中，"新逻辑提供了一种方法"。他甚至认为"逻辑是哲学的本质"。1910年，罗素与怀特海发表了三大卷的《数理原理》，发展了关系逻辑和摹状词理论，提出了解决悖论的类型论，从而使数理逻辑发展和成熟起来。哲学理论的判定标准决定于逻辑标准，论证是否具有强有力的逻辑力量是判定哲学理论是否有说服力的唯一标准。因为只有强有力的逻辑论证力量才能震撼并启迪人的思想或心灵。也就是说，逻辑学使得哲学更加严格、精确，它不断地推动着哲学向着更加严密、精深的方向发展。

简单地说，一切在现代产生并发展起来的逻辑都可以叫现代逻辑。不过，从其内容角度讲，现代逻辑则主要指数理逻辑以及在数理逻辑基础上发展起来的逻辑。现代逻辑发展的动力主要有两个：一是来源于数学中的公理化运动。这是指20世纪初的数学家们通过对日常思维的命题形式和推理规则进行精确化、严格化的研究，并尝试根据明确的演绎规则推导出其他数学定理，以从根本上证明数学体系的可靠性而进行的研究活动。二是来源于对数学基础与逻辑悖论的研究。从推动现代逻辑发展的两大动力上可以看出，逻辑学与数学之间的关系是何等密切。可以说，数理逻辑的创立，基本上奠定了现代逻辑学的基础，同时也为逻辑学的其他分支学科的研究、产生、发展奠定了理论基础。

人们通常把现代逻辑等同于数理逻辑，这在某种程度上也说明了逻辑学与数学的密不可分。其实，数理逻辑是研究数学推理的逻辑，属于数学基础的范畴。不过，"用数学方法研究逻辑问题，或者用逻辑方法研究数学问题"的研究方法已经极大地促进了现代逻辑学的发展。正是数理逻辑的发展，使亚里士多德创立的逻辑学达到了第三个发展高峰。比如20世纪就曾形成了逻辑主义、形式主义和直觉主义这三大数学基础研究的派别。因此，20世纪也被认为是逻辑学发展的黄金时代。不但如此，也有逻辑学家预测，在21世纪逻辑学的发展中，逻辑学的数学化仍将是现代逻辑学发展的主要方向之一。

计算机科学的发展及其带来的现代文明也离不开现代逻辑的

发展，因为正是现代逻辑应用到计算机科学和人工智能上才产生了人工智能逻辑。20世纪中期，数理逻辑学家冯·诺依曼和图灵造出了第一台程序内存的计算机。其中，冯·诺依曼运用的逻辑基础就是经典的二值逻辑。事实上，计算机软件、硬件技术所凭借的表意符号的性质及其解释都是基于符号逻辑的，而关于表意符号的二值运算又是基于经典二值逻辑（或数理逻辑）的。因此，可以说，符号语言和数理逻辑直接导致了计算机的诞生并极大地推动了计算机的发展。

此外，逻辑学还对包括语言学、物理学等在内的自然科学、工程技术、人文社会科学等领域有着不容忽视的影响。同时，逻辑的应用研究还延伸到其他学科领域，出现了价值逻辑、量子逻辑、概率逻辑、法律逻辑、控制论逻辑、科学逻辑等。逻辑学发展到现在，已经走出了哲学研究的范畴，而且也不仅仅局限于数学领域，它已经开始广泛应用于许多学科的领域之中，在促进其他学科发展的同时也实现了自身的发展。相信，在未来的世界，作为一门基础性和工具性学科，逻辑学会发挥越来越重要的作用。

## 逻辑能提高现代竞争力

现在，不管在哪个领域，从事什么工作，人们都有了一个共同认识，那就是如今各种竞争的核心都是人才的竞争。作为个人来讲，要想在如此激烈的竞争中立于不败之地，那就要不断提升自己的综合实力，即个人竞争力。从学术角度讲，个人竞争力是指个人的社会适应和社会生存能力，以及个人的创造能力和发展能力，是个人能否在社会中安身立命的根本。它包括硬实力和软实力。硬实力是指看得见、摸得着的物质力量，软实力则是指精神力量，比如政治力、文化力、外交力等软要素。在当代社会发展中，硬实力已经逐渐式微，而软实力则越来越受到人们的重视。逻辑学作为一门基础性和工具性学科，对提升个人软实力、提高个人现代竞争力无疑有着重要作用。

第一，逻辑学能够极大地提高人们的逻辑思维能力。

我们前面讲过，逻辑思维是指人们在认识过程中借助于概念、判断、推理等思维形式能动地反映客观现实的理性认识过程。那么，逻辑思维能力就是人们运用已知信息和现有知识，对各种现象和问题进行推理、论证和分析的能力。而要对各种现象和问题进行推理和论证，就要综合运用包括识别、比较、分析、综合、判断、归纳、支持、反驳、评价等在内的各种推理和论证方法。因此，可以说逻辑学对考察、训练、提高一个人的逻辑思维能力有着重要的作用，而一个人的逻辑思维能力也在事实上反映着一个人的综合素质。对此，只要稍稍看几道逻辑思维训练题就可以很容易地得到证明了。

第二，逻辑学能提高人们正确认识客观世界、获取新知识的能力。

马克思主义哲学认为，物质决定意识，意识是物质的反映。也就是说，人的主观认识都是客观世界在人脑中的反映。既然如此，也就有正确反映和错误反映之分，而逻辑学有助于人们正确地认识客观世界。只有对客观世界有了正确的认识，才可能对各种现象和问题进行正确的判断和推理，并从中获取新的知识。事实上，逻辑学就是从已知信息和现有知识准确地推论出新信息和新知识的学问。

亚里士多德认为，重的物体下落速度比轻的物体下落速度快，落体速度与重量成正比。在其后两千多年的时间里，人们一直都奉行亚里士多德的这个结论。直到 1590 年伽利略的两个铁球的实验，才最终结束了这种错误的认识。伽利略曾作如此推理：既然物体越重下落速度越快，那么如果把一个重量小的铁块和一个重量大的铁块绑在一起，小铁块下落速度慢，因而就会减缓大铁块的下落速度，最后两块铁块的整体下落速度就会慢于大铁块。但是，两个铁块绑在一起，它的重量比单独的大铁块要重，因此它的下落速度要比大铁块要快。这就在逻辑上出现了矛盾。为了证明自己的推理，伽利略登上了比萨斜塔。当着众人的面，将一重一轻两个铁球同时从塔顶抛下，结果人们震惊了，因为两个铁球是同时落地的。

这个实验从根本上推翻了亚里士多德的定论，并得出"两个不同重量的物体将以同样的速度降落且同时到达地面"的正确结论。这不能不说是正确的逻辑推理的功劳。

第三，逻辑学能提高人们识别错误、揭露诡辩的能力。

既然逻辑学可以让人们正确地认识客观世界，那么毫无疑问，运用正确的逻辑推理也可以让人们识别出错误的判断。比如著名的"自相矛盾"的故事中，那个楚人说："吾盾之坚，物莫能陷也。"其中隐含的判断就是"我的矛也刺不穿我的盾"；他又说："吾矛之利，于物无不陷也。"其中隐含的判断就是"我的矛可以刺穿我的盾"。这就得出了两个完全矛盾的判断，犯了最明显的逻辑错误。所以在别人问他"以子之矛，陷子之盾，何如"时，他就"弗能应"了。这就是通过逻辑学识别错误的典型案例。

逻辑学不但可以识别错误，也能够揭露诡辩。所谓诡辩就是有意地把真理说成是错误、把错误说成是真理的狡辩。诡辩实际上就是在混淆是非，颠倒黑白，但它却能自圆其说，即便你觉察到了不对也不知道如何反驳。诡辩是一种错误的逻辑，是诡辩者为了自己的主张故意制造出来的伪逻辑。它比错误更难识别，比强词夺理更难驳斥。只有掌握了正确的逻辑思维能力，才能揭破诡辩的真面目。

亚里士多德的《辩谬篇》中记载有这么一则诡辩：你有一条狗，它是有儿女的，因而它是一个父亲；它是你的，因而它是你的父亲，你打它，就是打你自己的父亲。

这便是经典的诡辩案例。这个推理乍看上去很符合逻辑，甚至无懈可击，实际上犯了"偷换概念"的错误，因而是荒谬的。

第四，逻辑学能提高人们准确地表达思想的能力。

逻辑学具有严密、精确的特点，不管是对概念作描述，还是对各种现象和问题作推理、论证，逻辑学都要求遵循明确的规则，运用精确的语言去表达。因此，它可以有效地培养并提高人们准确表达自己思想的能力。如果缺乏这种能力，你所表达的思想就会杂乱无章，让人不知所云。其实，一个正确的观点一定是符合逻辑的，而思想混乱本就是缺乏逻辑性的表现。

第五，逻辑学能提高人们的创新能力。

创新就是以新思维、新发明和新描述为特征的一种概念化过程。通常它包括三层含义：更新、改变和创造新的东西。创新从来不是一件容易的事，正因为如此，创新才显得格外重要，创新能力也成为企业招聘员工的一项重要参考标准。我们在讲逻辑学的性质时说过，逻辑学是一门工具性学科。也就是说，你只要掌握了一定的逻辑判断、推理、论证的原则和技巧，就可以对任意内容进行研究。这就像你掌握了一个数学公理，因此可以用它解答与之相应的很多问题。因此，它极大地训练并提高了人们的创新思维能力。事实上，人们通过逻辑学获取新知识本身就已经是一种创新了。所以，可以说，掌握了逻辑思维能力，就是拿到了进入创新世界的钥匙。

第六，逻辑学能提高人们的交际能力，是极好的说理工具。《左传》中有这么一则故事：

晋国、秦国包围了郑国，存亡之际，郑国派烛之武去游说秦伯。烛之武说："秦、晋围郑，郑既知亡矣。若亡郑而有益于君，敢以烦执事。越国以鄙远，君知其难也。焉用亡郑以陪邻？邻之厚，君之薄也。若舍郑以为东道主，行李之往来，共其乏困，君亦无所害。且君尝为晋君赐矣，许君焦、瑕，朝济而夕设版焉，君之所知也。夫晋，何厌之有？既东封郑，又欲肆其西封，若不阙秦，将焉取之？阙秦以利晋，唯君图之。"秦伯说，与郑人盟，使杞子、逢孙、杨孙戍之，乃还。

在这里，烛之武从 5 个方面向秦伯分析了协助晋国进攻郑国的利害关系：（1）消灭郑国对秦国没有任何好处；（2）消灭郑国其实是在增强晋国的实力，客观上也就削弱了秦国的实力；（3）如果保留郑国，郑国可以成为秦国的盟友，向秦国进贡；（4）晋国言而无信，曾失信于秦国；（5）晋国消灭了郑国后，接着便会进攻秦国。烛之武运用严密的逻辑推理和极具说服力的言辞向秦伯说明了攻打郑国最终一定会损害秦国的利益，从而说服秦国退兵。五条理由层层深入、步步为营，显示了高超的外交能力和说理技巧。烛之武或许不懂得逻辑学，但却在事实上极为娴熟地运用了逻辑推理和论证。可见，逻辑学对提高人们的交际能力和说理技巧是何等重要。

第七，逻辑学能提高人们的批判性思维能力。

批判性思维是现代逻辑学的一个发展方向，从 20 世纪 70 年代起，西方世界出现了一场被称为"新浪潮"的批判性思维运动。这场运动的重要结果之一，就是出现了以批判性思维的理念为基础的风靡全球的能力型考试（GCT-ME 逻辑考试）模式。它关注的核心问题便是逻辑知识与逻辑思维能力之间的关系。因此，学习逻辑学无疑会提高人们批判性思维的能力，也就是提高人们"决定什么可做，什么可信所进行的合理、深入的思考"能力。

第八，逻辑学能提高人们应付逻辑考试的能力。

现在，在西方国家的 GRE（研究生入学资格考试）、GMAT（管理专业研究生入学资格考试）、雅思以及我国的 MBA（工商管理硕士）、MPA（公共管理硕士）、GCT（硕士学位研究生入学资格考试）等考试中屡屡出现考察逻辑思维能力的试题，各大企业、公司在面试中也开始重视应聘者的逻辑思维能力。学习逻辑学，对应付这些关于逻辑思维能力的考试无疑是有好处的。

综上所述可知，逻辑学在提高现代竞争力方面发挥着积极的作用，我们要想在当今激烈的社会竞争中立于不败之地，掌握一些逻辑学的知识是十分必要的。

# 第二章　概念思维

## 什么是概念

概念是人们认识自然现象的一个枢纽，也是人们认识过程的一个阶段。从逻辑学的角度讲，概念是一种思维形式，而且是逻辑学首先需要研究的对象。如果说思维是一种生物，那么概念就是这种生物的细胞。概念是对客观存在辩证的反映，是主观性与客观性、共性与个性、抽象性与具体性的统一。同时，因为概念是可以相互转化的，所以概念也是确定性和灵活性的统一。

### 概念的含义

概念是人们在认识事物的过程中，对"这种事物是什么"的回答。通常，人们都认为概念是反映对象的本质属性的思维形式。而且，它所反映的是一切能被思考的事物。比如：

自然现象：日、月、山、河、雨、雪……

社会现象：商品、货币、生产力、国家、制度……

精神现象：心理、意识、思想、思维、感觉……

虚幻现象：鬼、神仙、上帝、佛……

上述事物虽然属于不同的现象和领域，但是都是能够被思考的事物，所以都可以反映为概念。

要想真正理解概念的含义，就要特别注意"本质属性"这4个字。事物的属性有本质属性和非本质属性之分。本质属性是指决定该事物之所以为该事物并区别于其他事物的属性，是对事物本质的反映。非本质属性就是指对该事物没有决定意义的事物。概念就是对事物的本质属性的反映，非本质属性的反映就不是概念。比如：

（1）雪：由冰晶聚合而形成的固态降水。

（2）雪：一种在冬天飘落的白色的、轻盈的、漂亮的像花一样的东西。

上述两个关于"雪"的描述中，（1）反映了"雪"的本质属性，即固态降水；（2）虽然从时间、颜色、重量、形状各方面都对其进行了描述，但都是关于它非本质属性的描述，并没有反映出决定"雪"之所以为"雪"的本质属性，所以不能成为概念。再比如：

柏拉图曾经把"人"定义为没有羽毛的两脚直立的动物。于是他的一个学生就找来了一只鸡，把鸡的羽毛全拔掉，然后拿给他："没有羽毛、两脚直立的动物，看，这就是柏拉图的'人'！"

显然，柏拉图对"人"的定义并没有反映出"人"的本质属性，只是指出了一些外在形式上的区别，所以闹出笑话。

**概念的形成过程**

概念的形成过程其实就是人的认识不断加深的过程。

人对事物的认识首先是感性认识，即人们在实践过程中，通过自己的肉体感官（眼、耳、鼻、舌、身）直接接触客观外界而在头脑中形成的印象。感性认识是对各种事物的表面的认识，一般都是非本质属性的认识。如柏拉图对"人"的定义便是感性认识。在感性认识的基础上，通过分析、综合、抽象、概括等方法对感性材料进行加工，从而把握事物的本质，才会形成理性的认识。理性认识就是对事物本质规律和内在联系的认识，具有抽象性、间接性、普遍性。理性认识是认识的高级阶段，概念一般也是在人的认识达到理性认识阶段的时候才得以形成的。在对"人"的定义上，便十分鲜明地显示了人们的认识逐渐深入的过程。

无名氏：人是会笑的动物。

柏拉图：没有羽毛的两脚直立的动物。

亚里士多德：人是城邦的动物。

荀子：人之所以为人者，非特以其二足而无毛也，以其有辨也。

马克思：人是一切社会关系的总和。

《现代汉语词典》：能制造工具并能熟练使用工具进行劳动的高等动物。

张荣寰：人的本质即人的根本是人格，人是具有人格（由身体生命、心灵本我构成）的时空及其生物圈的真主人。

从上面"人"的定义的演变过程来看，概念的形成过程便是人从感性认识逐渐上升至理性认识，从对事物的非本质属性到本质属性认识的过程。

### 概念和判断、推理的关系

概念是思维的基本形式，是思维的历史起点和逻辑起点。从思维的历史看，人是从对一个一个概念的学习开始，然后才逐渐开始思维的；从思维的逻辑看，没有概念就无法组成命题，更无法进行判断和推理。因此，概念是判断或命题的组成单位，推理是根据判断进行的。即：

概念→判断→推理

马克思主义哲学认为：物质决定意识，意识又反过来影响物质。概念和判断、推理的关系也是如此。这是因为人在现有概念的基础上，通过判断和推理，可以得到新的认识，从而形成新的概念。比如居里夫人在对原有各种物质本质属性认识的基础上发明了新的物质镭。这经过推理形成的新的概念不仅丰富了原有的概念范畴，也在新一轮的判断、推理中发挥着积极作用。这样，概念和判断、推理之间就形成了循环往复以至无穷的链条。即：

概念→判断和推理←→新的概念

### 概念和语词

概念是思维的细胞，是思维的基本形式；语词是语言的细胞，是语言的基本组成单位。就像"形式"和"内容"的关系，就像"能指"和"所指"的关系，概念和语词的关系也是对立统一的，既相互联系，又相互区别。

1. 概念和语词的联系

在某种程度上，概念和语词的联系就像组成"画"的纸张和颜料的关系。如果只有纸张而没有颜料，纸张就没有任何美学意义和艺术价值；如果只有颜料而没有纸张，颜料也只是颜料，同样没有美学意义和艺术价值。只有当二者有机地结合在一起时，才有了意义和价值。语词是一种语言符号，表现为一定的声音和笔画。语词之所以能作为人们交流思想的工具，就是因为它在人的头脑中组成了一定的概念。概念要想存在并表达出来，就不得不依赖语词，也就是说，语词使得概念的意义最终得以实现。概念是语词的思想内容，语词是概念的语言表达形式。脱离了语词的概念是不存在的，没有组成概念的语词也无法交流。

2. 概念和语词的区别

第一，概念是逻辑学的研究对象，是一种思维形式；语词是语言学的研究对象，是一种语言形式。第二，概念反映的是事物的本质属性，语词只是表达概念的声音和符号。第三，概念虽然需要语词来表达，但并不是所有的语词都表达概念。比如：包括名词、动词、数词、形容词、代词等在内的实词一般都可以表达概念；但是包括副词、介词、连词、叹词、疑问词等在内的虚词则不表达概念。第四，同一概念可以通过不同的语词来表达，或者说不同的语词可以表达同样的概念。这主要是指不同的语种而言，比如汉语"妹妹"在英语中用"sister"来表达，在日语中则用"いもうと"来表达。虽然语词不同，但概念却是一样的。第五，同一语词在不同的语境中也可能表达不同的概念。语境指言语环境，它包括语言因素，也包括非语言因素。上下文、时间、空间、情景、对象、话语前提等与语词使用有关的都是语境因素。任一方面语境的变化都可能引起概念的变化，比如在"世界人民大团结万岁"和"这种男人，一月到手也不过六七张'大团结'，穷死了"两句话中，前者指广大人民之间的团结，后者则指1965年版的面值10元的第三套人民币。

正确使用语词，可以准确表达概念；错误使用语词，则会造成概念不清和逻辑思维的混乱。所以，我们要尽量了解语词，并明白语词在不同语境中的特定含义，规范使用语词，这样才能正确、清晰地表达概念。

## 概念的内涵和外延

有这么一则笑话：

老师：你最喜欢哪句格言？

杰克：给予胜于接受。

老师：很好。你从哪儿知道这句格言的？

杰克：我爸爸告诉我的，他一直都把这句话作为自己的座右铭。

老师：啊！你爸爸真是一个善良的人！他是做什么工作的？

杰克：他是一名拳击运动员。

我们都觉得这个笑话很好笑，但是或许并不太清楚它为什么好笑。也就是说，我们都是"知其然而不知其所以然"。从逻辑学的角度分析，这就涉及概念的内涵和外延的问题。杰克之所以闹出笑话，是因为他不明白"给予"这个概念的内涵，而概念明确是我们进行正确的思维活动的前提。

### 概念的内涵

我们讲过，概念就是人脑对客观世界的反映，或者客观世界反映在人脑中的印象。不过，这印象是客观事物的本质属性。概念的内涵，即概念的含义，就是概念所反映的对象的本质属性，或者说反映在概念中的对象的本质属性。事物的本质属性指的是事物的本质，它是一种客观存在，不以人的意志为转移。人只有透过现象才能看到事物的本质，而一旦对事物的本质的认识反映到概念中，就构成了概念的内涵。比如上面的笑话中"给予"一词的内涵是"使别人得到好处"或者"把好处给予别人"，杰克的错误就在于没有真正明白"给予"的确切内涵。再比如：

"商品"这个概念的内涵就是用来交换的劳动产品；

"颜色"这个概念的内涵是光的各种现象或使人们得以区分在大小、形状或结构等方面完全相同的物体的视觉或知觉现象；

"国家"这个概念的内涵是经济上占统治地位的阶级进行阶级统治的工具；

"学校"这个概念的内涵是有计划、有组织地进行素质教育的机构。

需要指出的是，客观存在的本质属性与概念的内涵是两个概念，不能等同起来。也就是说，概念的内涵是被反映到主观思维中的概念的含义，而不再是客观存在的本质属性。简单地说，就是如果客观存在的本质属性是镜子外面的事物，那么概念的内涵就是镜子外面的事物反映到镜子里的那个影像。被镜子反映的事物和镜子里的那个影像是两个层次的事物，被反映的对象和反映在头脑中的概念也是两个不同的层次。

### 概念的外延

概念的外延是指具有概念所反映的本质属性的所有事物，也就是概念的适用范围。用一个不太恰当的比喻就是，如果说概念的内涵是一座房子，那么概念的外延就是房子里的所有物品。概念的内涵是从概念的"质"的方面来说的，它表明概念反映的"是什么"；概念的外延是从概念的"量"上来说的，它表明概念反映的是"有什么"，即概念都适用于哪些范围。我们通过下面的表格便可以很清楚地明白这一点：

| 概　念 | 概念的内涵 | 概念的外延 |
|---|---|---|
| 商　品 | 用来交换的劳动产品 | 一切用来交换的劳动产品，比如手机、电脑、饮料、服装、书籍等 |
| 国　家 | 经济上占统治地位的阶级进行阶级统治的工具 | 古今中外的一切国家，比如中国、美国、英国、德国、新加坡、古希腊等 |
| 学　校 | 有计划、有组织地进行素质教育的机构 | 所有种类的学校，比如大学、高中、小学、幼儿园、职业培训学校等 |
| 语　言 | 词汇和语法构成的系统，是人类交流思想的工具 | 世界上的一切语言，比如汉语、英语、俄语、维吾尔族语等 |

通俗地讲，概念的外延就是这个概念所包括的子类或分子。

因为概念的外延有时候涵盖的范围是非常广泛的，对这些范围中的事物进行归类，就可以得到一个个的"子类"，而"子类"中具体的对象就是"分子"。比如"学生"这个概念的外延是指所有学生，包括研究生、大学生、中学生、小学生等各个"子类"，而这各"子类"中具体的学生就是"分子"。如果一个概念反映的不包括任何实际存在的"子类"或"分子"，这个概念就是虚概念或空概念。比如"上帝""鬼""花妖""永动机""绝对真空""人造太阳""圆的方"等概念反映的对象在现实世界是不存在的，所以这些都是空概念。

**概念的内涵和外延的关系**

概念的内涵和外延是概念的两个基本特征，其关系就如同语法规则和具体的语言表达的关系。语法规定并制约着具体的语言表达，语法规则的变化也影响着具体的语言表达；而语言表达也反过来影响并丰富着语法规则。概念的内涵和外延的关系便是这样的相互依存又互相制约的关系。

首先，只有确定了概念的内涵，才能明确概念的外延。也就是说，概念的内涵是了解概念的外延的前提条件，对概念内涵的不同理解直接影响着概念外延的范围。看下面这则事例：

数学课上，老师提问李明：Y 和 −Y 哪个大？

李明：Y 大。−Y 是负数，Y 是正数，正数大于负数，所以 Y 大于 −Y。

老师：是吗？如果 Y 是 −1，哪个数大？

李明：哦，−Y 大。

老师：如果 Y 是 0 呢？

李明：Y 是 0 的话，Y = −Y。

老师：是啊，你看，Y 的取值不同，两者比较得出的结果就不同。所以，在 Y 的数值情况不明确的情况下，你不能简单地说哪个大哪个小。

上面这个事例就很明确地说明了概念的内涵和外延的关系。

Y 的内涵是包括实数范围内的任何数；Y 的外延可以是正数，可以是负数，也可以是 0，一切实数都是 Y 的外延。所以，只有明确了 Y 的取值（概念的内涵），才能正确分别出 Y 和 – Y 的大小（概念外延的范围）。

其次，任何概念都是确定性和灵活性的统一，概念的内涵和外延也具有确定性和灵活性。某个时期内，概念的内涵是确定的，概念的外延也有着明确的范围；但是随着实践的深入，人们的认识也会发生一定的改变，那么，概念的内涵和外延也就随之发生改变；而且，有时候不同时间、地点、语境下，人们对同一概念的内涵和外延理解也会不同。以人们对"死亡"概念内涵的理解为例：

传统意义上，人们都认为只要心脏停止跳动，自主呼吸消灭就是死亡。后来人们都认识到思维的生理机制在于大脑。美国哈佛医学院于 1968 年首先报告了他们的"脑死亡"标准，即 24 小时的观察时间内持续满足无自主呼吸、一切反射消失、脑电心电静止才是死亡。我国卫生部前几年拟定的"脑死亡"标准则是持续 6 个小时出现严重昏迷，瞳孔放大、固定，脑干反应能力消失，脑波无起伏，呼吸停顿则判定为死亡。这种判定方法将死者与植物人区别了开来，使得人们对"死亡"概念的内涵和外延有了更清晰的了解。

最后，概念的内涵和外延间存在着反变关系。我们前面讲过概念的属种关系，属概念就是指外延较大的概念，种概念就是指外延较小的概念。比如"花"和"菊花"就是具有属种关系的两个概念，其中，"花"就是属概念，"菊花"就是种概念。从概念的内涵上讲，"花"这个概念反映的是被子植物的生殖器官；而"菊花"这个概念除了反映"花"的概念的内涵外，还反映"多年生菊科草本植物"这个本质属性。所以，"花"这个概念的内涵要比"菊花"这个概念的内涵少。从概念的外延上讲，"花"这个概念反映的是"一切花"；"菊花"这个概念反映的则是"一切菊花"。所以，"花"这个概念比"菊花"这个概念反映的范围要大，也就是说前一概念的外延大于后一概念的外延。因此，可以得出属概念的内涵少于种概念的内涵，但其外延大于种概念的外延的结论。也就是说，内涵越少，外延越大；内涵越多，外延越小。反变关系反映的就是具有这种属种关系的概念的内涵与外延间的关系。

## 单独概念和普遍概念

为了更清晰、明确地研究、描述、使用概念，根据对概念的内涵和外延的不同特征，逻辑学对概念进行了划分，把具有相同特征的概念划分为一类。这种分类不仅可以便于人们理解和学习，也能够更深入地分析概念的各种特征，进而用理论指导实践。

根据概念的外延的数量可以把概念分为单独概念和普遍概念。在本节，我们就先来讨论一下单独概念和普遍概念。

### 单独概念

单独概念是反映某一个别对象的概念，它的外延是由独一无二的分子组成的类。

从语言学的角度出发，可以用两种表现形式来表示单独概念：

1. 用专有名词表示单独概念

专有名词是特定的某人、地方或机构的名称，即人名、地名、国家名、单位名、组织名等都是单独概念。比如：

表人物的单独概念：司马迁、曹雪芹、海明威、川端康成等；

表地点的单独概念：北京、郑州、汉城、好莱坞、香格里拉等；

表国家的单独概念：中国、美国、俄罗斯、西班牙等；

表组织的单独概念：联合国、非洲统一组织、上海合作组织等；

表节日的单独概念：中秋节、儿童节、感恩节、樱花节等；

表事件的单独概念：五四运动、康乾盛世、光荣革命等。

此外，还有表时间的单独概念，比如"1949年10月1日""2011年1月1日"等；表品牌的单独概念，比如"李宁""花花公子""联想"等。总之，一切有着"专有"性质且外延独一无二的概念都是单独概念。

2. 用摹状词表示单独概念

摹状词是指通过对某一对象某一方面特征的描述来指称该对象的表达形式。它满足在某一空间或时间"存在一个并且仅仅存在一个"的条件。比如:"《史记》的作者""世界上最长的河流""新中国成立的时间""杂交水稻之父""巴西第一位女总统",等等,都可以用来表示单独概念。

**普遍概念**

普遍概念是反映两个或两个以上的对象的概念。它与单独概念最大的区别就在于它的外延至少要包括两个对象,少于两个或没有对象的概念都不是普遍概念。

从语言学的角度出发,动词、形容词、代词、名词中的普通名词等都可以表示普遍概念。比如:

动词:逃跑、唱歌、运动、烹饪、写作等;

形容词:积极、勇敢、富裕、寒冷、漂亮等;

代词:他、她、它、他们等;

普通名词:人、商品、花、马、学生等。

从外延的可数与不可数的角度出发,普遍概念可以分为有限普遍概念和无限普遍概念。有限普遍概念是指其外延包括的对象在数量上是可数的,是有限量的,比如"国家""城市""高中"等;无限普遍概念是指其外延包括的数量是不可数的,是无限量的,比如"分子""学生""有理数""商品""颜色"等。

我们前面讨论了概念、类、子类和分子的关系,即概念可以分为各个"类",而"类"可以分为各个"子类","子类"则是由"分子"组成的。实际上,普遍概念就是对同一类分子共同特征的概括,因而属于这一"类"的所有子类或分子也一定具有这一"类"的属性。

**正确区分单独概念和普遍概念**

不管是在学术研究中,还是在日常生活中,我们都会用到单独概念和普遍概念。只有正确区分单独概念和普遍概念,才能准确地表达自己的意思;如果对它们的区别不加注意,或者糊里糊涂,就难免出现错误。

第一，单独概念和普遍概念最大的区别就是在外延上是否真正唯一。比如"世界上最长的河流"是单独概念，仅指埃及的尼罗河；但是如果去掉"最"字，"世界上长的河流"就不再是单独概念了，因为其外延已经不止一条河流了。再比如"东岳"是单独概念，仅指山东泰山；但是"五岳"虽然也是专有的称呼，但其外延却包括泰山、嵩山、衡山、华山和恒山，也不是单独概念。所以，在说话或写作时，一定要表达清楚，一字之差结论可能就完全不同了。

第二，运用概念时前后保持一致，避免偷换概念。如果前面说的是单独概念，后面换成了普遍概念，或者把普遍概念换成了单独概念，就可能闹出笑话。请看下面这则笑话：

汤姆：帕里斯，昨天我举行婚礼，你怎么没来啊？

帕里斯：哦，真对不起，汤姆！昨天我头疼得厉害，所以不得不去看医生。请原谅，我保证下次一定去！

显然，上面这则笑话之所以可笑，就是因为帕里斯把"汤姆的婚礼"这一单独概念混同为普遍概念。这样一换就好像汤姆有好多婚礼一样，所以才让人觉得有趣。

第三，在特定的语境中，单独概念也可能表示普遍概念。有时候，语境的不同也会改变概念的外延。这时候，就要分清楚它到底是单独概念还是普遍概念，这样才能准确理解作者的意思。比如：

你们杀死一个李公朴，会有千百万个李公朴站起来！你们将失去千百万的人民！你们看着我们人少，没有力量？告诉你们，我们的力量大得很，强得很！看今天来的这些人都是我们的人，都是我们的力量！

这段话中，第一个"李公朴"是特指某一单个对象，即李公朴本人，所以是单独概念；第二个"李公朴"则并非特指某一特定对象，而是泛指具有李公朴精神的后来者，因此是普遍概念。再比如：

（1）在这张纸上用毛笔书写着"向雷锋同志学习"7个潇洒苍劲的行草字。

（2）尊敬的老师、亲爱的同学们，大家好！今天我演讲的题目是《千万个雷锋在成长》。

在上面两段话中，（1）中"向雷锋同志学习"中的"雷锋"是特指某一单个对象，即雷锋本人，所以是单独概念；（2）中"千万个雷锋在成长"则是泛指具有雷锋精神的人，已经不是唯一的了，所以是普遍概念。

可见，正确区分单独概念和普遍概念，尤其是正确理解它们在不同的语境中的含义，是明确概念的内涵和外延的基本要求。

## 实体概念与属性概念

依据反映的对象性质的不同，即所反映的是具体事物还是各种各样抽象的事物的属性，概念可分为实体概念和属性概念。

### 实体概念

亚里士多德认为实体是独立存在的东西，是一切属性的承担者，因此实体是独立的，可以分离。实体表达的是"这个"而不是"如此"。他还认为实体最突出的标志就是实体是一切变化产生的基础，是变中不变的东西。这体现了他一定的唯物主义思想。

实体概念又叫具体概念，是反映各种具体事物的概念。实体概念的外延都是某一个或某一类具体的事物。从语言学的角度来看，实体概念可以用名词或名词词组来表示。比如：

名词：城市、故宫、课本、教师、杨树、草地、长江等；

名词词组：好看的电影、趣味谜语、勇敢的战士、小桌子、红玫瑰等。

下面我们来看一首诗，并从中找出描述实体概念的语词：

### 归园田居

少无适俗韵，性本爱丘山。
误落尘网中，一去三十年。
羁鸟恋旧林，池鱼思故渊。
开荒南野际，守拙归园田。
方宅十余亩，草屋八九间。

> 榆柳荫后园，桃李罗堂前。
>
> 暧暧远人村，依依墟里烟。
>
> 狗吠深巷中，鸡鸣桑树颠。
>
> 户庭无尘杂，虚室有余闲。
>
> 久在樊笼里，复得返自然。

其中，丘山、羁鸟、旧林、池鱼、故渊、南野、田园、方宅、草屋、榆柳、后檐、桃李、堂前、村、墟里烟、狗、深巷、鸡、桑树、户庭、尘杂、虚室、余闲、樊笼等都是指某一个或某一类具体的事物，所以都是实体概念。

再看下面一首元曲：

莺莺燕燕春春，花花柳柳真真，事事风风韵韵。娇娇嫩嫩，停停当当人人。

其中，莺莺、燕燕、春春、花花、柳柳、事事、人人等都是实体概念。在马致远著名的《天净沙·秋思》中，"枯藤老树昏鸦，小桥流水人家，古道西风瘦马。夕阳西下，断肠人在天涯。"则几乎全是由实体概念组合成的曲子。

**属性概念**

属性概念又叫抽象概念，是反映事物某种抽象的属性的概念。这种抽象的属性既可以是事物本身的性质，也可以是事物间的各种关系。与实体概念反映的看得见、摸得着的具体事物相比，属性概念反映的属性则是看不见、摸不着的。比如：

事物本身的性质：公正、勇敢、坚强、善良、美丽、专心致志、得意忘形等；

事物之间的关系：友好、统治、敌对、等于、小于、包含、相容等。

以上面所举元曲为例，其中，真真、风风韵韵、娇娇嫩嫩、停停当当都是描述概念的性质的，所以都是属性概念。

再看一下《双城记》中开篇的一段话：

这是最美好的时代，这是最糟糕的时代；这是智慧的年头，这是愚昧的年头；这是信仰的时期，这是怀疑的时期；这是光明的季节，这是黑暗的季节；这是希望的春天，这是失望的冬天；我们全都在直奔天堂，我们全都在直奔相反的方向——简而言之，那时跟现在非常相像，某些最喧嚣的权威坚持要用形容词的最高级来形容它。说它好，是最高级的；说它不好，也是最高级的。

这段话里，美好、糟糕、愚昧、光明、黑暗、喧嚣、高级等是描述概念性质的属性概念。再比如：

（1）"1大于等于1"对吗？对，为什么呢？因为大于等于就是不小于啊，1不小于1，当然正确了。

（2）地主阶级与农民阶级是统治与被统治的关系。在封建社会，农民阶级总是受剥削、受压迫的阶级。

其中，大于、等于、不小于、统治、被统治、剥削、压迫都是表示事物之间的关系的，所以也是属性概念。

### 正确理解实体概念和属性概念

逻辑史上，黑格尔第一次把概念区分为实体概念（具体概念）与属性概念（抽象概念），肯定了实体概念的存在，并在其名著《逻辑学》中深入地研究了实体概念，提出了许多精辟的见解。我们在进行思维或表达的时候，也应该正确区分和运用实体概念和属性概念。

首先，要正确运用实体概念和属性概念。如果说实体概念是指一个人，那么属性概念就是指这个人的性格特征，比如善良抑或邪恶、聪明抑或愚笨、正直抑或卑鄙、漂亮抑或丑陋，等等。看下面北岛的诗中的一段：

卑鄙是卑鄙者的通行证，
高尚是高尚者的墓志铭，
看吧，在那镀金的天空中，
飘满了死者弯曲的倒影。

在这段诗里，"卑鄙者"是指语言或行为不道德的人，是具体的事物，所以应该是实体概念；而"卑鄙"则是对"卑鄙者"语言或行为属性的描述，因此是属性概念。"高尚"和"高尚者"的理解也同于此。诗人以诗的形式，通过实体概念（卑鄙者、高尚者）和属性概念（卑鄙、高尚）的综合对比运用，给人一种沉重的思考："高尚"与"卑鄙"的意义究竟何在？卑鄙的人竟然可以凭借其"卑鄙"而通行无阻，高尚的人却因他的高尚而死。那么，这究竟是一个怎样的世界啊？

其次，不要混淆实体概念和属性概念。实际上，在我们进行思维或表达的时候，不管是实体概念和属性概念的混淆，还是实体概念与实体概念之间、属性概念与属性概念之间的混淆，都可能造成思维或表达的混乱。许多幽默故事就是运用了这种不同概念之间的混淆才产生了极具戏剧性的效果。比如：

一次酒会上，一位男作家站起来，大声对在座的女士们说："我们男人是大拇指"，他伸出大拇指摇了摇，继续说，"而你们女人则是小拇指"，说完他又晃了晃小拇指。

在座的女士们很生气，觉得男作家对他们太不恭敬了，便质问道："你这是什么意思？"

男作家笑了笑，不慌不忙地答道："大拇指粗壮结实，小拇指灵巧可爱。难道不是这样吗？"

这则幽默故事中，"男人""女人""大拇指""小拇指"都是实体概念，男作家因为故意将"男人""女人"与"大拇指""小拇指"这两对实体概念混淆起来而引起女士们的不满。事实上，女士们不满的并不是男作家把自己比作"小拇指"，她们不满的是"小拇指"代表的意义，她们认为那是一种挑衅甚至侮辱。

"粗壮结实""灵巧可爱"是描述事物属性的属性概念，"大拇指"有"粗壮结实"的属性，"小拇指"有"灵巧可爱"的属性。这本来是没什么疑问的，妙就妙在男作家在用它们描述大小拇指的同时又将其和"男人""女人"这两个实体概念混淆起来，使"男人""女人"具有了这些属性，因而造成了戏剧性效果。

## 正概念与负概念

正概念和负概念是根据其反映的对象是否具有某种属性来划分的。它们强调的不是这种属性"是什么"，而是"有没有"这种属性。

### 正概念

正概念即肯定概念，是反映对象具有某种属性的概念。在思维过程中，人们遇到的大多数概念都是正概念。比如：美好、优秀、温柔、漂亮、精致、坚毅，等等，都是正概念或肯定概念。

不过，正概念反映的是对象具有某种属性的概念，与这种属性是什么并无关系。也就是说，它没有褒贬色彩，不管这属性是好是坏、是对是错，只要它有这种属性，就是正概念。因此，凶恶、卑鄙、落后、残暴、懒惰、危险等同样是正概念。

### 负概念

负概念即否定概念，是反映对象不具有某种属性的概念。负概念是相对于正概念而言的，相对于正概念的"有"，负概念反映的是"没有"。比如：非正义战争、非本部门人员、不正当竞争、不合法、无轨电车、无性繁殖等都是负概念。负概念有以下特点：

第一，负概念一般都有"非""不""无"等否定词，比如：非正常表现、不正规、无脊椎动物等。我们上面举的例子也都有否定词。所以，一般来讲，否定词是辨认负概念的标志。不过，并非有"非""不""无"等否定词的概念都是负概念。比如：非籍华人、非常时期、不丹、不惑之年、无锡等虽然也含有否定词，但是并不表示否定意义，有些还是专有名词，所以这些都不是负概念。

第二，负概念也不体现褒贬色彩。负概念是反映对象不具有某种属性，它并不体现属性的褒贬色彩，也就是说不对其反映的对象做道德评价。不管是好的属性还是坏的属性，只要它有那种属性就不是负概念。比如："卑鄙"虽然是与"高尚"相对立的概念，但它并非负概念，只有"非高尚"才是负概念；"聪明"和"愚昧"也是相对的概念，但"愚昧"也不是负概念，只有"非聪明"才是负概念。

第三，负概念总是相对于一定的论域而言的。在逻辑学上，论域是指某个特定的范围。比如当我们在说荷花和梅花的时候，论域就是指各种花；当我们在谈论数学的时候，论域就是一切数。在研究某个对象的时候，我们应该将其放在一定的论域中。否则，就会因研究对象所属范围太过宽泛而显得大而无当，进而影响人们的思维和表达。在讨论某个负概念时，我们也要确定它的论域，否则它也会显得太过宽泛而难以把握。比如："不正当竞争"这个负概念的论域是市场竞争；同样，"非廉洁官员"的论域是官员。如果我们不把"不正当竞争"的论域界定为市场竞争，或者不把"非廉洁官员"的论域界定为"官员"，那么，"市场竞争"外的一切事物，或者任何不廉洁的行为以及"官员"以外的任何事物都可能被包括在论域中，这必然影响人的思维或表达的准确性。

### 正概念和负概念的关系

正概念和负概念是相对而言的两个概念，但是它们有着一定的联系，也有着一定的区别。我们在研究或运用正概念和负概念的时候，对其联系和区别都要有准确的把握，以避免因相互混淆引起思维的混乱。

第一，正概念和负概念区别的关键点在于其反映对象有无某种属性。正如我们前面所说，正负概念的关注焦点不在于反映了什么样的属性，而在于有没有那种属性。比如：如果一个概念反映的对象具有"健康"这种属性，那么它就是正概念；如果它反映的对象不具有"健康"这种属性，即不健康，那它就是负概念。至于这种属性是"健康"或者还是别的什么特征并没什么关系。

第二，对同一个对象，反映的角度不同，它可以表现出不同的概念形式。也就是说，如果反映的某个对象具有某种属性，它就形成正概念；如果反映这同一个对象不具有另一种属性，它就形成负概念。实际上，这只是改变了这种属性的描述角度，使之分别具有了正负概念所反映的属性。比如：

（1）施工工地的门口有块牌子，上面写着"施工队以外人员不得进入"。

（2）施工工地的门口有块牌子，上面写着"非施工人员不得进入"。

上面两句话中，（1）中的"施工队以外人员不得进入"与（2）中的"非施工人员不得进入"反映的是同一对象，但由于描述角度不同，所以前者是正概念，后者是负概念。再比如：

（1）你每天都是最后一个到的，真是落后！

（2）你每天都是最后一个到的，真是不先进！

上述两句话中，（1）中的"落后"与（2）中的"不先进"反映的也是同一对象，但前者是正概念，后者却是负概念。

有时候，为了强调或突出一个对象具有或不具有某种属性时，会采用不同的概念。上面第一个例子中用"非施工人员不得进入"这个负概念就显得更突出些。再比如：

（1）董事会赞成扩大生产规模的提案。

（2）董事会不反对扩大生产规模的提案。

上面两句话中，（1）中的"赞成"和（2）中的"不反对"反映的是同一对象。但是，如果用来强调董事会的态度的话，用（1）中的正概念来表达显然要比用（2）中的负概念表达更具说服力。

第三，要明确正负概念尤其是负概念的内涵和外延，即论域。明确其论域，就是为了避免因概念的外延不确定而引起思维的混乱，也是为了避免有人利用论域不确定的漏洞钻空子。下面这个幽默故事中的 Peter 便是利用这一点狡辩的：

Peter 上学时忘了穿校服，被校长挡在了校门口。

校长："Peter，你为什么不穿校服？你不知道这是学校的规定吗？"

Peter 想了想，突然指着校门口的一块牌子说："校长先生，牌子上明明写着'非本校学生不得入内'。校服不是'本校学生'，所以我才没把它穿来。"

校长无奈，只得放 Peter 进了学校。

在这个故事中，"非本校学生"是"本校学生"的负概念，它的论域是"人"。但 Peter 却故意曲解了这个概念的论域，将其扩大为"本校学生"以外的所有事物，即所有"人"和所有"物"，自然也就包括"校服"了。因此，他才钻了空子。

## 集合概念和非集合概念

在讨论集合概念和非集合概念前，需要先弄清楚类和集合体的区别。

我们前面讲过类和分子的关系，类是由分子构成的，它们是一般和特殊的关系。同属一个类的分子一般都具有这个类的属性，或者说类的属性也反映在它的每个分子中。看下面的三组语词：

花：梨花、桃花、蔷薇、荷花、菊花、梅花等。

人：韩信、刘备、谢灵运、王勃、李白、唐伯虎等。

牛：黄牛、水牛、奶牛等。

上述三组语词中，"花""人""牛"都是类，其后的语词分别是它们各自的分子，这些分子也都具有它们所属类的属性。比如，"梨花""梅花"都具有"花"的属性。

但是，对于集合体来说，它所具有的属性则并不一定为构成它的每个个体所具有。或者说，集合体的属性并不反映在它的每一个个体上。比如"草地"和"草"、"森林"和"树木"、"数"和"整数"、"马队"和"战马"等都是集合体和个体的关系。但是后者并不一定具有前者的属性。比如，"草地"具有绿化环境、净化空气、防止水土流失、保持生物多样性等作用，但"草"却没有；同样，"数"可以表示为"整数"，也可以表示为分数、小数等，但是"整数"却并不具有"数"的性质。

### 集合概念和非集合概念的含义

集合概念和非集合概念是根据所反映的对象是否为集合体来划分的。

集合概念就是反映集合体的概念。通俗点说，集合概念反映的是事物的整体，即由两个或两个以上的个体有机组合而成的整体。集合体和个体的关系就是整体和部分的关系。部分不一定具有整体的属性，个体不一定具有集合体的属性。比如：北约、丛书、船队、苏东坡全集等都是集合概念。再比如：

（1）火箭队是一支实力强大的篮球队。

（2）《鲁迅全集》包括杂文集、散文集、小说集、诗集、书信、日记等。

上面两句话中，"火箭队"是个集合概念，具有"实力强大的篮球队"的属性，但却不能说"火箭队"的每个队员都具有"实力强大的篮球队"的属性；同理，"鲁迅全集"所具有的全面性与丰富性也不是组成它的任何一个个体，即"杂文集""散文集""小说集""诗集""书信""日记"等所具有的。

非集合概念也叫类概念，是反映非集合体或者反映类的概念。可以说，非集合概念反映的是类与分子的关系。类与分子是具有属种关系的概念，分子都具有类的属性。比如：老师、学生、成年人、手枪等都是非集合概念。再比如：

（1）核武器是大规模杀伤性武器。

（2）我们学校的歌唱队都是艺术系的学生。

上面两句话中，"核武器"是个非集合概念，具有"大规模杀伤性武器"的属性，而组成"核武器"的每个分子也同样具有"大规模杀伤性武器"的属性；同理，"我们学校的歌唱队"是个非集合概念，具有"艺术系的学生"的属性，其中歌唱队的每个队员也具有"艺术系的学生"的属性。

**集合概念和非集合概念的关系**

从以上对集合概念和非集合概念含义的探讨中，我们可以总结一下二者的关系，以便更准确地把握它们的不同。

首先，集合概念和非集合概念是根据它们所反映的对象是否为集合体来划分的，也就是说它们是从一个研究角度出发分出的两个概念，这是它们相互关联的地方。但是，对于同一概念来说，划分角度或标准的不同，也可以得出不同的结论。比如，"草地"相对于"草"与"马队"相对于"战马"来说，都是集合概念；但是相对于"森林"或"车队"等概念来说，"草地"和"马队"都是普遍概念。

其次，非集合概念反映的是类的概念，其中的组成类的分子也具有类概念的属性；集合概念反映的是集合体的概念，它的属性只适用于它所反映的集合体，而不一定适用于组成集合体的所有个体，这是二者相区别的地方。请看下面这则幽默故事：

有一个很小气的人，一天他肚子饿了，便到路边的馒头店买馒头吃。吃了一个没饱，又买了一个；吃完第二个还没饱，就又买了第三个。就这样，他一直买了五个馒头才吃饱。这时他突然后悔起来了："早知道第五个馒头能吃饱，我还吃前四个馒头干吗呢？直接吃第五个馒头就行了，还能省不少钱呢！"

从逻辑学角度讲，这个人之所以会认为应该"直接吃第五个馒头"，就在于他没有搞清楚这五个馒头其实是一个集合概念，它反映的是这五个馒头组合而成的一个整体或集合体，而"第五个馒头"只是这个集合体的一个个体。只有这个集合体才具有让他吃饱的属性，不管是第五个馒头，还是前面 4 个馒头中的任何一个，都不具备让他吃饱的属性。也就是说，这个集合概念并不适用于组成集合体的任何一个个体。这个人之所以可笑就在于他不懂得这一基本的逻辑概念。

正确理解集合概念和非集合概念

首先，在区分或判断集合概念和非集合概念时，应该将其放在一定的语境中。因为，同一个概念，在不同的语境中会表现出不同的形式。也就是说，同一个概念在这个语境中可能是集合概念，在另一个语境中就可能是非集合概念。脱离了语境去判断集合概念或非集合概念，往往会让人无所适从。我们上面给出的一些有关集合概念或非集合概念，都是有典型性的。但在我们思维的过程中，很多概念并非如此典型。这就容易造成思维的混乱。比如：相对于"战马"来说，"马队"是个集合概念，但是相对于"晋商的马队"而言，"马队"则是个非集合概念，因为"马队"具有的属性，"晋商的马队"也具有。因此，不同的语境中，同一概念的种类也可能发生改变。再看下面这道题：

这场突如其来的暴风雪让羊群损失大半，她的羊群也遭遇了暴风雪，所以她的羊群也损失大半。以下哪项是对题干中的推理所犯错误最恰当的说明？

    A. 该推理犯了偷换单独概念与普遍概念的错误

    B. 该推理犯了偷换实体概念和属性概念的错误

    C. 该推理犯了偷换集合概念和非集合概念的错误

    D. 该推理犯了偷换正概念和负概念的错误

    从所给的 4 个选项中，我们首先可以判断该推理犯的是偷换概念的错误，这就缩小了分析其所犯错误的范围，降低了题目的难度；但从另一方面说，只有对几种概念的含义与区别理解透彻了，才可能找出正确答案，这就没有了利用排除法排除其他比较明显的错误选项的机会，因此难度是加大了。

    题干中大前提中的"羊群"是集合概念，指的是羊群的整体；小前提中的"羊群"是非集合概念，指的是类。虽然二者用的是同一个语词，但在不同的语境中却有着不同的内涵和外延，因此表现出不同的含义，属于不同的概念。故而本题选 C。

    其次，不要混淆了集合概念和非集合概念。相对于其他概念的划分来说，集合概念和非集合概念虽然也有着自己的划分标准，但在按照此标准分析的时候，还是会让人觉得有心无力，因此往往会出错。所以，在我们进行思维活动的时候，一定不要把二者混淆了。

    目前，对集合概念和非集合概念的研究还在进一步地深入。相信不远的将来，集合概念和非集合概念的理论框架会更加完善。

## 概念间的关系

    考察概念间的关系，有助于我们正确地认识和使用概念。但要对概念间的所有关系进行全面考察，无疑是个浩大的工程。所以，我们在这里讨论的主要是概念的外延间的关系。不过，这种考察是要放在一定的范围或系统中来进行的。比如你若要考察鲁迅和老舍在小说创作上的不同风格，就要把他们放在"小说"这个范围或系统中才能比较。

    概念的外延之间的关系总的来说有两种：相容关系和不相容

关系。相容关系是指所考察的两个概念的外延至少有一部分是重合的，它主要包括同一关系、真包含关系、真包含于关系和交叉关系。不相容关系是指所考察的两个概念的外延是完全不重合的，它主要包括全异关系。在讨论这几种关系时，我们采用瑞士数学家欧拉创立的"欧拉图"来说明，以便更清晰、直观地区分这几种关系。

下面，我们先对相容关系进行分析。

**同一关系**

1. 含义

同一关系是指两个概念的外延完全相同或完全重合的关系，也叫全同关系。我们假设有 S 和 P 两个概念，若 S 的全部外延正好是 P 的全部外延，也就是说 S 和 P 的外延完全相同或重合，则 S 和 P 就是同一关系，也叫全同关系。比如：

（1）《出师表》的作者（S）与诸葛亮（P）

（2）郑州（S）与河南省的省会（P）

（3）对角相等、邻角互补的四边形（S）与四条边相等的四边形（P）

上面三组概念中，S 代表的概念和 P 代表的概念的外延完全相同或重合。比如"《出师表》的作者"的外延就是"诸葛亮"，而"诸葛亮"的外延也是"《出师表》的作者"；"郑州"的外延是"河南省的省会"，"河南省的省会"的外延也是"郑州"；"对角相等、邻角互补的四边形"的外延是"四条边相等的四边形"，"四条边相等的四边形"的外延也是"对角相等、邻角互补的四边形"。所以，这三组概念都是同一关系。我们可以用欧拉图来表示同一关系，如图 1 所示：

2. 特点

同一关系有几个主要特点，只有理解了这几个特点，才能正确把握同一关系。

首先，同一关系是指两个概念的外延完全重合，但是内涵不同。事实上，具有同一关系的两个概念只是从不同的角度去

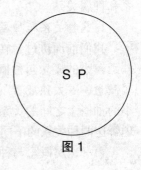

图 1

描述同一事物的属性，但它们的内涵却不相同。比如"郑州"的内涵是城市，"河南省的省会"的内涵是河南省政治、经济、文化中心。如果内涵与外延都重合了，那就不是同一关系，而是同一概念的不同表达方式了。比如：马铃薯和土豆，麦克风和话筒，虽然用的是不同的语词，但其内涵和外延都相同，所以不是同一关系。看下面这则幽默故事：

露丝拒绝了杰克的求婚，但是露丝的朋友凯特却嫁给了杰克。

露丝参加凯特的婚礼时，凯特幸灾乐祸道："嘿，露丝！你看，现在杰克和我结婚了，你后悔吗？"

露丝微笑道："这没什么奇怪的，遭受爱情打击的人往往都会做出蠢事。"

在这则故事中，"凯特和杰克的婚礼"与"蠢事"是外延完全相同的两个概念，但是其内涵显然不一样，所以这两个概念是同一关系。

其次，一般情况下，具有同一关系的两个概念是可以互换使用的。尤其是在文学创作中，适时换用具有同一关系的两个概念既可以避免重复，又可使行文更活泼生动。

再次，表示同一关系时，通常可以用这些具有标志性的词语，比如"……即……""……就是……""……也就是说……"等。

**真包含关系和真包含于关系**

在讨论真包含关系和真包含于关系前，我们先看一下属种关系和种属关系。

1. 属种关系和种属关系

我们前面讲过，在同一系统中，外延较大的概念叫属概念，外延较小的概念叫种概念。比如我们原来讲过的"独裁者"就是属概念，"大独裁者"就是种概念。外延较大的属概念和外延较小的种概念之间的关系叫做属种关系，反之则称为种属关系。要理解这两种关系的不同，就要注意以下几个方面：

第一，属概念与种概念是相对的。在不同的语境中，或不同的概念作对比时，属概念可能会变成种概念，种概念也可能会变成属概念。比如："学生"这个概念与"大学生""高中生"相比较时是属概念，但与"人"这个概念相比较时则是种概念。

第二，属种关系不是整体与部分的关系。"树木"和树枝、树叶是整体与部分的关系，与桃树、柳树则是属种关系；"盲人摸象"的故事里，"大象"与几个盲人摸到的耳朵、鼻子、腿、尾巴等是整体与部分的关系，但与亚洲象、非洲象则是属种关系。

第三，如果两个概念具有属种关系或种属关系，在思维或表达过程中一般不能并列使用。比如："花园里开满了红花和五颜六色的花。"在这句话里，"红花"和"五颜六色的花"是种属关系，"五颜六色的花"已经包含了"红花"，所以不能并列使用。

第四，一般来讲，简单的种属关系可以用"S 是 P"这种结构来表示。比如："手机是一种科技含量较高的产品"或"张怡宁是一名优秀的乒乓球运动员"。

2. 真包含关系和真包含于关系

真包含关系是指一个概念的部分外延与另一个概念的全部外延重合的关系。我们假设有 S 和 P 两个概念，如果 P 的全部外延是 S 的外延的一部分，也就是说 S 的外延包含 P 的全部外延，则 S 和 P 就是真包含关系。相反，真包含于关系则是一个概念的全部外延与另一个概念的部分外延重合的关系。我们同样假设有 S 和 P 两个概念，如果 S 的全部外延是 P 的外延的一部分，也就是说 P 的外延包含 S 的全部外延，则 S 和 P 就是真包含于关系。现在我们通过下面的表格来作比较：

| 真包含关系 | 真包含于关系 |
| --- | --- |
| 1. 花（S）和兰花（P） | A. 兰花（S）和花（P） |
| 2. 小说（S）和《红楼梦》（P） | B. 《红楼梦》（S）和小说（P） |
| 3. 马（S）和白马（P） | C. 白马（S）和马（P） |

左列表格中，"花"的外延包含"兰花"的外延，而"兰花"

的外延只是"花"的外延的一部分，"花"
包含"兰花"，所以"花"与"兰花"是
真包含关系，即 S 和 P 是真包含关系；在
右列表格中，"兰花"的外延只是"花"
的外延的一部分，而"花"的外延则完全
包含"兰花"的外延，"兰花"包含于"花"，
所以"兰花"与"花"是真包含于关系，
即 S 和 P 是真包含于关系。其他例子也
可以用同样的方法分析。我们可以用欧拉
图来分别表示这两种关系，如图 2 和图 3
所示：

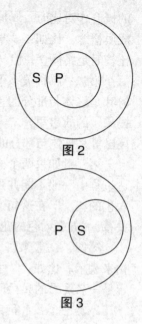

图 2

图 3

根据我们上面对属种关系和种属关系
的分析，实际上真包含关系就是属种关系，
真包含于关系就是种属关系，他们的表达
虽然不同，但却有着相同的特点。从形式
上看，具有真包含关系的两个概念反过来就是真包含于关系，反
之亦然。不过，不管是哪种关系，它们必须处在同一个系统里才
能成立。

**交叉关系**

交叉关系是指两个概念的部分外延重合，或者说一个概念的
部分外延与另一个概念的部分外延相重合。我们还假设有 S 和 P
两个概念，如果 S 有一部分外延与 P 的外延重合，另一部分不重
合，而且 P 也有一部分外延与 S 的外延重合，另一部分不重合，
则 S 和 P 就是交叉关系。比如：

（1）年轻人（S）和学生（P）

（2）完好的东西（S）和我的东西（P）

（3）连长-（S）和中校（P）

上面三组概念中，S 代表的概念外延与 P 代表的概念外延在
某一部分是重合的，同时又有一部分不重合。比如："年轻人"
有一部分是学生，有一部分不是学生，"学生"有一部分是年轻人，
有一部分不是年轻人，二者只有一部分外延重合，所以它们是交

叉关系。我们可以用欧拉图来表示这种关系，如图4所示：

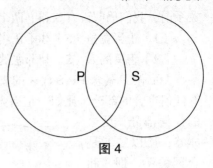

图4

看下面这则故事：

一天，史密斯先生接到邻居约翰的电话，邀请他晚上参加一个宴会，史密斯先生欣然同意。

晚上，史密斯先生穿着一身崭新的礼服来到了约翰家。进门后，餐桌前的客人都起身向他问好。一位男士也从餐桌旁站了起来，急匆匆地走过来。

史密斯先生连忙迎上去伸出手："噢，先生！您太客气了，快请坐下吧！"说着就把那位男士往餐桌旁推。

那位男士很尴尬，附在史密斯先生耳旁小声说："先生，您误会了！我是去洗手间。"

这则故事中，出现了"从餐桌旁站起来的客人"和"向史密斯先生问好的客人"两个概念，而且这两个概念的外延却发生了交叉。也就是说有的人站起来是问好，有的则不是。史密斯先生以为所有人都是在向他问好，其实是误解了这种交叉关系，因而才发生了这有趣的误会。对于具有交叉关系的两个概念，实际上它们是从不同的方面反映了其重合的那部分外延，但这两个概念却并不完全反映同一个事物。

交叉关系与同一关系、真包含关系和真包含于关系的相同点在于其中至少有一部分概念是重合的，不同点在于前者的两个概念的外延都只有一部分相互重合，而后三者则是其中一个概念的全部外延与另一个概念的全部或部分外延完全重合。

下面，我们开始分析不相容关系。

**全异关系**

不相容关系主要包括全异关系。全异关系是指两个概念的外延完全没有重合即没有任何一部分外延重合的关系。在分析全异关系前，我们仍假设有 S 和 P 两个概念。看下面两组概念：

（1）正当竞争（S）和不正当竞争（P）

（2）善良的人（S）和邪恶的人（P）

上面两组概念中，S 代表的概念外延与 P 代表的概念外延没有任何重合的部分，比如"正当竞争"就不包含"不正当竞争"的任何部分，反之亦然，所以二者是全异关系，即 S 和 P 是全异关系。我们可以用欧拉图来表示这种关系，如图 5 所示：

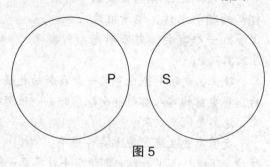

图 5

如果对全异关系进一步分析的话，在同一个属概念的前提下，全异关系可以分为反对关系和矛盾关系。

1. 反对关系

处于同一属概念中的两个种概念，若它们的外延完全不同且外延之和小于这个属概念的外延，则这两个种概念之间就是反对关系或者对立关系。比如：

（1）比喻（S）和拟人（P）

（2）优秀学生（S）和落后学生（P）

上面两组概念中，S 代表的概念的外延与 P 代表的概念的外延完全不同，而且它们的外延之和又小于他们的属概念。比如："比喻"的外延和"拟人"的外延没有重合的部分，而且"比喻"与"拟人"的外延加起来又小于属概念"修辞"的外延，因此二者是反对关系，即 S 和 P 是反对关系。我们可以用欧拉图来表示这种关系，如图 6 所示：

2. 矛盾关系

处于同一属概念中的两个种概念，若它们的外延完全不同且外延之和等于

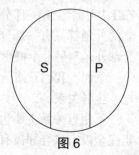

图 6

这个属概念的外延，则这两个种概念之间就是矛盾关系。比如：

（1）集合概念（S）与非集合概念（P）

（2）正确的判断（S）与不正确的判断（P）

上面两组概念中，S 代表的概念的外延与 P 代表的概念的外延完全不同，而且它们的外延之和等于它们的属概念。比如："正确的判断"的外延和"不正确的判断"的外延没有重合的部分，而且"正确的判断"与"不正确的判断"的外延加起来正好等于"判断"这个属概念，因此二者是矛盾关系，即 S 和 P 是矛盾关系。我们可以用欧拉图来表示这种关系，如图7所示：

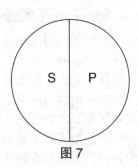

图7

《梦溪笔谈》中有一则故事：

王元泽数岁时，客有一獐一鹿同笼以献。客问元泽："何者是獐？何者是鹿？"元泽实未识，良久对曰："獐边者是鹿，鹿边者是獐。"客大奇之。

这则故事中，"笼子中的动物"是属概念，"獐"和"鹿"则是属概念下的两个种概念，而且这两个种概念的外延不重合且外延之和等于其属概念的外延，因而具有矛盾关系。王元泽正是运用了这全异关系中的矛盾关系，才作出了如此绝妙的回答。

3. 正确理解反对关系和矛盾关系

第一，判断反对关系和矛盾关系的前提是处于这种关系之中的两个种概念一定是属于同一个属概念的。若不在同一个属概念中，则无法判断。比如："无产阶级"和"有理数"两个概念就无法判断其关系。

第二，不管是反对关系还是矛盾关系，两个种概念的外延都是完全不重合的。若有一部分重合，就可能是其他关系了。

第三，反对关系的两个种概念外延之和小于属概念的外延，矛盾关系的两个种概念之和等于属概念的外延。这两条性质切不可混淆。

第四，矛盾关系常用一个正概念和一个负概念来表达，比如"正义战争"和"非正义战争"；反对关系则常用两个正概念来表达，比如"名词"和"动词"。不过，有时候两个正概念也可以表示矛盾关系，比如"男人"和"女人"。

## 概念的限制和概括

我们前面讲过概念的内涵和外延之间的反变关系，即概念的内涵越少，外延越大；内涵越多，外延越小。反之亦成立，即概念的外延越大，内涵越少；外延越小，内涵越多。同时我们也讲过概念的内涵与外延之间的这种反变关系只适用于具有属种关系或种属关系的概念间。因为真包含关系实际上就是属种关系，真包含于关系实际上就是种属关系，所以这种反变关系也同样适用于真包含关系和真包含于关系。根据概念的内涵和外延之间的这种反变关系，我们可以对概念进行研究。其中，概念的限制与概括便是据此提出的两种研究方法。

**概念的限制**

1. 限制的含义

概念的限制是通过增加概念的内涵以缩小概念的外延的逻辑研究方法，也叫概念缩小法。比如：

青年→当代青年作品→文学作品电影→动作电影

从"青年"到"当代青年""作品"到"文学作品""电影"到"动作电影"，概念的内涵都增加了，外延则都缩小了。比如"电影"的内涵可以理解为"由活动照相术和幻灯放映术结合发展起来的一种现代艺术"，"动作电影"的内涵除了具有"电影"的内涵外，还增加了"动作"的内涵，因此其内涵扩大了，但其包括的电影种类和数量范围则缩小了。实际上，限制概念的过程就是概念的外延由大到小的变化过程，也就是一个概念从属概念到种概念过渡的过程。这种"渐变的过程"的性质决定了这个缩小的过程的持续性，也就是说，我们可以对一个概念进行第二次、第三次甚至更多次的缩小。比如：

青年→当代青年→当代中国青年→当代中国男青年→当代中国未婚男青年……

作品→文学作品→唐朝的文学作品→唐朝的古诗类文学

作品……

电影→动作电影→美国动作电影→美国好莱坞动作电影……

至于你要把这个概念限制到何种程度，则需根据实际需要来决定了。看下面这则故事：

儿子：爸爸，你为什么吃长寿面？

爸爸：因为今天是爸爸的生日。

儿子：生日是什么？

爸爸：生日就是说爸爸是在今天出生的。

儿子：啊！爸爸！你今天出生的都长这么大了啊！

这则故事中，"爸爸"为了逗儿子，就故意不对"今天"这个概念加以限制，所以才产生了幽默的效果。

2. 限制概念的方法

一是在概念前加限制性的修饰语（即定语）。比如上面的例子中，在"青年"前加限制性修饰语"当代"，在"文学作品"前加"唐朝的"等。

二是改换语词，即直接将属概念换为与之相应的种概念。比如：把"天气"直接换为"晴天""阴天"等，把"植物"直接换成"含羞草""太阳花"等。

三是在形容词或动词前加状语。比如：在"勇敢"前加"非常"，在"做饭"前加"经常"等。

3. 限制概念的作用

一是明确概念，使人们的认识更加具体化，思维、表达更准确，推理、论证更严密，也更有助于人们交流。比如：你说"小丽，帮我带点儿饭吧"可能会让小丽为难，因为她不知道该带什么饭。如果你加上饭的具体名字，比如"鱼香肉丝盖浇饭"，就清楚多了。

二是让人们了解事物从一般到特殊、从概括到具体的变化过程，有助于了解具体事物的特征和本质，也有助于人们养成思维逻辑严密的习惯。

4. 限制概念时需注意的几点

在对概念进行限制时，我们要正确运用"限制"这种研究方法，尽量避免错误使用。

第一，限制只适用于具有属种关系的概念，其他的则不能。比如：

> 鲁迅说：俯首甘为孺子牛。
> 郭沫若说：我愿意做这头"牛"的尾巴，为人民服务的"牛尾巴"。
> 茅盾说：那我就做"牛尾巴"上的"毛"，帮助"牛"赶走吸血的蚊虫。

在这段话中，虽然概念从"牛"到"牛尾巴"再到"牛尾巴上的毛"是连续进行了两次缩小，但却并非限制。因为这是从整体到部分的变化，而不是从子类到分子的缩小，因此"牛""牛尾巴"以及"牛尾巴上的毛"不具有属种关系，也就不是限制。

第二，在对概念的外延进行限制时，要根据实际需要进行限制，不能使外延过宽，也不能使外延过窄。总之，要进行有效限制，不要随心所欲。比如："我是一个您不熟悉的陌生朋友""他是唯一幸存的遇难者"等就是错误的限制。

第三，概念进行连续性限制并不等于无限性限制，当这种限制达到单独概念时，就不能再往下限制了，因为单独概念已经是一个具体的事物了。比如对"青年"的连续性限制中，当到了具体的某个人（张三或李四等）时，就不能再限制了；同样，对"电影"的连续性限制中，到了具体的某一部电影（《真实的谎言》或《生死时速》等）时，也不能再限制下去了。

第四，有些加在概念前的修饰语等不一定具有限制的作用。比如：在"地主"前加"万恶的旧地主"只是强调了"地主"具有的某种属性，并没有改变概念外延的大小。

**概念的概括**

1. 概括的含义

概念的概括是指通过减少概念的内涵以扩大概念的外延的逻辑研究方法，也叫概念扩大法。比如：

英语系的大学生→大学生　武侠小说→小说　中国城市→城市

从"英语系的大学生"到"学生"、"武侠小说"到"小说""中国城市"到"城市"，概念的内涵都减少了，概念的外延则都扩大了。比如："大学生"这个概念的内涵就是"接受过大学教育的人"，而"英语系的大学生"则是指"接受过大学英语专业教育的人"，因此"大学生"的内涵就减少了；同时"大学生"的外延不仅包括"英语系的大学生"，还包括其他专业的大学生，所以其外延扩大了。实际上，概括概念的过程就是减少概念的内涵同时又扩大概念的外延的过程，也是从种概念过渡到属概念的过程。此外，同概念的限制可持续进行一样，概念的概括也可以持续进行。比如：

英语系的大学生→大学生→学生→人……

武侠小说→小说→文学形式→文学……

中国城市→城市→地域……

至于要概括到何种程度，也需要根据实际需要来决定。看下面这则记载在《孔子家语》中的故事：

楚共王出游，亡乌嗥之弓，左右请求之。王曰："止！楚王失弓，楚人得之，又何求？"孔子闻之，曰："惜乎其不大也。曰人遗弓人得之而已，何必楚？"

这则故事中，楚王丢了一张弓，能够捡到这张弓的应该是某个具体的楚国人。但是，在"左右"请求寻找时，楚王说："楚人得之，又何求？"楚王这句话把"捡到弓的是某个具体的楚国人"这个概念概括到了"楚人"这个概念，其外延明显扩大了；在孔子听到这件事时，孔子却嫌楚王的胸怀还不够大，于是对这个概念进行了进一步的概括，从"楚人"这个概念概括到了"人"这个概念，意思就是反正捡到弓的是人就好了，何必管他是哪国人呢？可见，楚王和孔子都是站在自己的角度，根据自己的认识对概念进行概括的。

2. 概括概念的方法

一是去掉限制性的修饰词。比如上面的例子中，把"英语系的大学生"前的"英语系的"去掉，或者把"中国城市"前的"中国"去掉等。

二是改换语词，即直接将种概念换为与之相应的属概念。比如上面的例子中，把"学生"概括为"人"，把"小说"概括为"文学形式"等。

### 3. 概括概念的作用

一是使人们对概念从特殊到一般、从具体到普遍的概括过程中，揭示事物的普遍性意义，认识事物的本质。比如将"学生"概括为"人"，就可以对"学生"的本质属性进行更深入的研究。

二是可以使人们站在更高的层面进行思维或表达，更为准确、严密地描述概念。

### 4. 概括概念时需注意的几点

在对概念进行概括的过程中，我们要注意一些容易出现概括不当的地方。

第一，概括只适用于具有种属关系的概念，不能随意概括。比如你不能把"窗户"概括为"房子"，因为它们不具有种属关系，不是分子与类的关系，而是部分与整体的关系。

第二，是否需要概括，概括到何种程度，一定要根据实际情况决定，不能概括不够，也不能不顾实际地任意概括。看下面这则故事：

老师问小明："小明，是谁发明了造纸术啊？"
小明回答道："人。"
老师很崩溃，继续启发道："具体是什么人啊？"
小明认真地想了想，骄傲地说："是中国人！"

这则故事中，小明在回答老师提问时，把"发明造纸术的某个人"回答为"人"和"中国人"，都是在不该概括的时候进行了概括。

第三，概括概念的过程可以持续进行，但不能无限度地一直进行下去。在概括到某个不能再概括的概念时，一般是指概括到一个哲学范畴时，就不能再概括下去了，因为那已经是最大的概念了。比如上面的例子中，"英语系的大学生"概括到"人"后还可以进行到"动物""生物""物质"，但是到了"物质"就已经是极限了，不能再进行了。

# 第三章 判断思维

## 什么是判断

我们经常遇到"判断"这个词，但在不同的语境中，"判断"也有着不同的含义。比如：

"雨村便徇情枉法，胡乱判断了此案。"（判决）

"金鱼玉带罗阑扣，皂盖朱幡列五侯,山河判断在俺笔尖头。"（欣赏）

"父爱也是一样的，倘不加判断，一味从严，也可以冤死了好子弟。"（分析）

上述 3 个例子分别使用了"判断"的 3 个不同的意思。不过，我们即将探讨的"判断"却与这日常所见的"判断"有所不同。在逻辑学中，判断是一种常用的逻辑方法。

### 判断的含义

作为逻辑学中最基本的思维形式之一，判断是推理的基础，也是对已有概念的运用。概念是反映对象本质属性的思维形式，如果概念仅止于概念，就无法发挥它的作用。只有运用概念进行判断，才能实现概念的最终意义。判断就是对思维对象有所断定的思维形式。比如：

（1）天气很晴朗。

（2）鲁迅是伟大的无产阶级的文学家、思想家、革命家，是中国文化革命的主将。

（3）他不是我们的朋友。

上述三个判断中，（1）就是运用了"天气""晴朗"这两个概念进行的判断；（2）和（3）也是运用已经形成的概念做出的判断。虽然（1）、（2）是肯定句，（3）是否定句，但都是人们对思维对象做出的一种断定。

实际上，不管是在认识事物的过程中，还是在思维、研究某一对象的过程中，抑或在日常表达、交流过程中，人们都要用到判断。可以说，判断是人们进行正常的思维活动的基础和必要条件。南宋俞文豹《吹剑录》中载：

东坡在玉堂日，有幕士善歌，因问："我词何如柳七？"对曰："柳郎中词，只合十七八女郎，执红牙板，歌'杨柳岸，晓风残月'。学士词，须关西大汉，铜琵琶，铁绰板，唱'大江东去'。"东坡为之绝倒。

这则故事中，幕士作了两个判断：

（1）对柳永词风的判断：柳郎中词，只合十七八女郎，执红牙板，歌"杨柳岸，晓风残月"。

（2）对苏轼词风的判断：学士词，须关西大汉，铜琵琶，铁绰板，唱"大江东去"。

随着人们实践的深入，当把对事物的某种判断结果作为一种普遍认识固定下来后，它也可以成为人们认识事物或进行其他判断的标尺，并反过来指导人们的思维活动。

**判断的特征**

第一，判断就是对思维对象有所肯定或否定。

我们上面举的3个例子中，"天气很晴朗"和"鲁迅是伟大的无产阶级的文学家、思想家、革命家，是中国文化革命的主将"这两个判断用的是肯定句，分别表示"天气"具有"晴朗"的属性、"鲁迅"具有"无产阶级的文学家、思想家、革命家和中国文化革命的主将"的属性，是对其作的肯定式断定，我们称之为肯定判断。所谓肯定判断，就是断定思维对象具有某种属性的判断。比如：

（1）这是本很好看的书。

（2）水结成冰是一种物理反应。

上述两个判断中，（1）肯定了"书"具有"好看"的属性，（2）

肯定了"水结成冰"具有"物理反应"的属性，所以都是肯定判断。

我们上面举的3个例子中，"他不是我们的朋友"这个判断用的是否定句，表示"他"不具有"我们的朋友"的属性，是对其作的否定式断定，我们称之为否定判断。所谓否定判断，就是断定思维对象不具有某种属性或者否定思维对象具有某种属性的判断。比如：

（1）《金瓶梅》不在中国古代四大名著之列。

（2）李清照的《渔家傲·天接云涛连晓雾》没有她以往的婉约风格。

上述两个判断中，（1）断定"《金瓶梅》"不具有"中国古代四大名著"的属性，（2）断定"李清照的《渔家傲·天接云涛连晓雾》"不具有"婉约风格"的属性，所以都是否定判断。

判断的第一个特征便是指它必须要对思维对象有所肯定（即作肯定判断）或否定（即作否定判断）。也就是说，判断与肯定或否定这种形式无关，重要的是必须要有所断定。否则，就不称其为判断。

第二，任何判断都有真有假。

马克思主义哲学告诉我们，认识作为人脑对客观存在的反映，正确反映客观存在的就是正确的认识；错误反映客观存在的就是错误的认识。判断是一种思维形式，也是对客观存在的反映，因此也有对错之别。正确反映客观存在、符合实际情况的判断就是真判断。比如：

（1）我国有四个直辖市，即北京、上海、天津和重庆。

（2）《红楼梦》是一部具有高度思想性和高度艺术性的伟大作品。

上述两个判断都是符合实际情况的判断，都属于真判断。

相反，错误反映客观存在、不符合实际情况的判断就是假判断。比如：

（1）六书是指象形、指事、会意、形声、转注、反切。

（2）开封被称为"六朝古都"。

上述两个判断中，（1）中的"反切"是汉字注音的方法，而不是造字法，不属于"六书"之列，所以该判断是假判断；（2）中的"开封"曾作为战国时期的魏、五代时期的后梁、后晋、后汉、后周以及北宋和金7个朝代的都城，被称为"七朝古都"，所以该判断也为假判断。

判断的第二个特征便是指任何判断都有真假之分，这是根据判断是否正确反映了客观存在、是否符合实际情况来分别的。但不管是真是假，都是对思维对象做出的一种断定，因而都是判断。看下面这则故事：

有一个人特爱凑热闹，哪里人多就往哪里凑。一天，街上发生了一起交通事故，人们都围在那里看热闹。这个人也急忙跑过去，使劲儿往里挤。但是人太多了，他怎么也挤不进去。情急之下便大声嚷道："大家请让一让，让一让，出事的是我父亲！"等他顺着人们让开的缝隙挤进去一看，不仅傻眼了，因为被撞的是一头驴。

这则故事中，这个人所作出的"出事的是我父亲"的判断便是不符合实际情况的假判断。不过，虽然是假判断，也是他对实际情况作的一种断定，所以也属于判断。

了解了判断的含义和特征，我们便可以对思维对象做出自己的判断。但要对其做出真判断，除了正确认识客观存在、了解实际情况外，还要坚持"实践是检验真理的唯一标准"的原则，通过实践指导自己的判断。这样才能做出正确的判断，并尽可能地避免错误的判断。

## 判断与语句

我们曾经分析过思维形式和思维内容的联系。判断与语句的关系与思维形式和思维内容的关系一样，也是既相互联系，又相互区别。

### 判断与语句的联系

语句是一种语言形式，判断是一种思维形式。判断只有通过语句才能表达出来，语句是判断的表达形式，而判断则是语句的思想内容。没有语句，判断就没了凭借，也就无法实现判断的意义。比如：

这杯茶是热的。

他是一个善良的人。

上述判断只有通过语句这种语言形式才能表现出来，而语句也承载着判断所需要表达的思想内容，人们是通过语句这种形式而了解判断所表达的内容的。

**判断与语句的区别**

第一，判断与语句属于不同的学科领域。

判断是逻辑学研究的范畴，对判断的运用要符合一定的逻辑规则，对判断的研究要在一定的逻辑规律的框架之下进行；语句则属于语言学研究的范畴，对语句的运用和研究要遵循一定的语言规则和语言规律。

第二，判断与语句有着不同的形态特征。

判断是最基本的逻辑思维形式之一，属于精神形态的范畴；语句则是一种语言形式，属于物质形态的范畴。

第三，判断与语句并非是一一对应的，同一语句可以表达不同的判断，同一个判断也可以用不同的语句来表达。

1. 同一语句可以表达不同的判断，这主要是针对有歧义的语句而言。比如：

（1）动手术的是他母亲。

（2）我对老师的批评是很有心理准备的。

（3）百货大楼在这一站的前一站。

上述 3 个语句都分别表达了两种不同的判断。

语句（1）中，既可以表达"他母亲在给别人动手术"，也可以表达"别人在给他母亲动手术"；语句（2）中，既可以表达"老师对我的批评"，也可以表达"我对老师的批评"；语句（3）中，从时间上，该判断表达"百货大楼在这一站的上一站"，从空间上，该判断则表达"百货大楼在这一站的下一站"。这都是歧义造成的同一语句表达不同的判断的情况。

2. 在世界范围内，语言有着不同的种类；在同一语种里，语言也是极其丰富且灵活多变的。因此，作为语言形式的语句对同一内容也有着多种表达形式。也就是说，不同的语句可以表达同一个判断，或者说同一个判断可以用不同的语句来表达。

这首先表现在语种的不同上，也就是说同一个判断可以用不同的语种来表达。这语种虽然表示相同的意义，但却是不同的语句。比如：

（1）北京是中国的首都。

（2）Beijing is the capital of China.

上述两个语句虽然不同，但却表示同一个判断，即"北京是中国的首都"。

在同一语种里，同一判断也可以用不同的语句来表达。比如：

（1）杭州西湖是著名的景点。

（2）难道杭州西湖不是著名的景点吗？

（3）他会来的，除非下雨了。

（4）只有不下雨，他才会来。

上述4个语句中，（1）、（2）属于不同的语句，但其思想内容却是相同的，所以表达了同一个判断；（3）、（4）两个语句也是如此。

第四，判断都要通过语句来表达，但并非所有语句都表达判断。

1. 一般来讲，陈述句、反问句可以表达判断，疑问句、祈使句、感叹句则不表达判断。比如：

（1）逻辑学是一门很有意思的学科。

（2）难道你不是因为我才美丽？

（3）那是你的书吗？

（4）过来！

（5）上帝啊！

上述5个语句中，作为陈述句的语句（1）和作为反问句的语句（2）都表达了一种判断；但是，疑问句（3）、祈使句（4）和感叹句（5）因为并没有对任何对象做出断定，所以都没有表达判断。再看下面这则幽默：

　　她含羞低头，面如桃花。
　　我喜不自胜，柔柔地问："你真的喜欢我？"
　　她的脸越发红了，小声说道："你猜！"
　　我心中更喜，脱口而出："喜欢！"
　　她头更低，脸更红，声音更小："你再猜！"

　　这则故事中有陈述句、疑问句、祈使句。其中，陈述句有：
　　（1）她含羞低头，面如桃花。（2）我喜不自胜。（3）她的脸越发红了。（4）我心中更喜。（5）她头更低，脸更红，声音更小。
　　依据判断对思维对象有所肯定或否定的特征，可知这5个句子均表判断。
　　故事中还有两个祈使句：
　　（1）你猜！（2）你再猜！
　　祈使句（1）只是表达一种命令性的口气，但并没有对思维对象有所断定的意思，所以它不表达判断；祈使句（2）看上去虽然只比（1）多了一个"再"字，但其意义却不相同。在这个特定的语境中，"你再猜"的潜在台词就是"你刚才猜错了"，这实际上就是在对"我"所猜的"喜欢"的一种否定，因此该句也表判断。需要指出的是，如果不是在这特定的语境中，而是单独出现的"你再猜"3个字，则不表达判断。
　　故事中还有一个省略句，即：
　　"喜欢！"
　　从语言学的角度讲，如果只是单独的"喜欢"这个词，那它不是句子，只是一个词语，也就不能表判断。但是在这个特定的语境中，"喜欢"是一个省略句，它的全句应该是"我猜你喜欢我"。虽然是一种猜测，但也是对思维对象的一种肯定，因此该句也表判断。
　　需要说明的是，这种断定同时也具有真假之别（以上所指出的表判断的语句也是如此），至于是真还是假，则需根据实际情况去判断。

故事中还有一个疑问句，即：

"你真的喜欢我？"

在故事中，该疑问句只是表达一种问询的口气，并没有对思维对象有所肯定或否定，所以不表达判断。

2.有些疑问句、祈使句、感叹句也表达判断。

我们前面说疑问句、祈使句和感叹句一般不表达判断，但这并不表示所有的疑问句、祈使句和感叹句都不表达判断。事实上，反问句就是疑问句的一种，但反问句却表判断。而祈使句表判断的例子我们在上面的故事中也谈到了。所以，有些疑问句（主要是指反问句）、祈使句和感叹句也可以表达判断。比如：

（1）禁止醉酒驾车！

（2）闲人免进！

（3）你真是太漂亮了！

（4）黄河啊，我的母亲！

上述几个语句中，前两句是祈使句，后两句是感叹句。语句（1）"禁止醉酒驾车"已经表明了对醉酒后不准驾车的断定，语句（2）也是对闲人不许进入的一种断定，因此这两个语句都表判断；语句（3）虽然是表欣赏的感叹句，也是对其"漂亮"这个属性的一种肯定；语句（4）潜在的意思即"黄河就是母亲"，这也是一种断定。所以后两句感叹句也表判断。当然，至于判断的真假则需根据实际情况来判断，比如语句（1）就是真判断。

由此可见，有些语句是直接对事物表达判断的，比如大多数陈述句、反问句等，这就是直接判断；有些语句则并不直接对事物表判断，而是把这种判断隐藏在语句中，比如大多数祈使句、感叹句等，这就是间接判断。

第五，判断与语句结构不同。

以直言判断为例，比如，"有的祈使句是表达判断的"，这个直言判断由主项（祈使句）、谓项（表达判断的）、量项（有的）和联项（是）四部分组成；但作为语句，它则由主语（有的祈使句）、谓语（是表达判断的）等语法成分组成。

总之，在思维或表达过程中，只有清楚判断和语句的区别与联系，才能更好地理解、运用语句和判断。

## 结构歧义

歧义现象我们都不陌生。有时候歧义会让人们如坠云雾，不明所以；有时候人们则会因歧义闹出笑话；有时候歧义也可能造成比较严重的后果。造成歧义的原因很多，我们在这里主要讨论的是结构歧义。

### 什么是结构歧义

在讨论结构歧义前，我们先来看下面几个歧义句：

（1）我要炒鸡蛋。

（2）他看错了人。

（3）他一天就写了 6000 字。

句（1）中，若"炒"为形容词，"炒"修饰"鸡蛋"，表示我要"炒鸡蛋"这个菜；若"炒"为动词，"鸡蛋"就是"炒"的宾语，表示我要自己来"炒"鸡蛋。这是因为词类不同造成的歧义。

句（2）中，若"看"表示视线接触人或物的意思，这句话就是说他眼神不好，认错了人，把 A 当做 B 了；若"看"表示"判断"的意思，这句话就是说他眼光不好，把此种人当成了彼种人。这是因为一词多义造成的歧义。

句（3）中，若轻读"就"字，就是说他的速度很快，短短一天的时间就写了 6000 字；若重读"就"字，则说明他工作效率低，整整一天才写了 6000 字。这是口语中读音轻重不同造成的歧义。

上述 3 种歧义都是由词语引起的理解上的歧义，不同于我们说的"结构歧义"。结构歧义是指一个句法结构可以作两种或两种以上的分析，表达两种或两种以上的意义。从逻辑学上讲，结构歧义是指语句在表达判断时，由于语法结构的不确定或不明晰而引起的判断歧义。它主要是由句法结构的不确定或不明晰引起，与词语类别或多义引起的起义有所区别。比如：

（1）这是他们新盖的办公楼和教室。

（2）学生家长来了。

句（1）中，既可以理解为"（新盖的）（办公楼和教室）"，即办公楼和教室都是新盖的；又可以理解为"（新盖的办公楼）和（教室）"，即只有办公楼是新盖的。句（2）中，既可理解为"学生和家长"，也可理解为"学生的家长"。这两个歧义句都是因为对句法结构不同的分析得出的两种不同的理解，因此属于结构歧义。

**结构歧义的类型**

一般来讲，结构歧义可以分为3种。

1. 结构层次不同引起的歧义

如果一个句法结构内部包含了不同的结构层次，就可能产生结构歧义。对于这种结构歧义，我们可以采用层次分析法来分析。比如：

（1）关心企业的员工　　　（2）关心企业的员工
　　|—偏正关系—|　　　　　　|—动宾关系—|
　　|—动宾—|　　　　　　　　|—偏正—|

通过层次分析可知，这个短语可以有两种理解：（1）|关心企业的 |员工 |，即员工很关心自己所在的企业；（2）|关心 |企业的员工 |，即我们要关心企业里的员工。这就是结构层次的不同引起的歧义。再比如：

（1）这桃子不大好吃。

（2）这是两个解放军抢救国家财产的故事。

从逻辑学角度讲，句（1）按不同的层次划分可以得出两种判断，即："这桃子 |不大好吃"和"这桃子不大 |好吃"。这后一个判断便是逻辑学中的联言判断。句（2）也可以通过不同的划分得出两种判断，一是说这是两个故事，故事的内容讲的是解放军抢救国家财产的事；二是说这是一个故事，故事讲的是两个解放军抢救国家财产的事。

看下面这则故事：

　　从前有个人家里既养牛又酿酒，但是为人却很小气，每次卖给人的肉和酒总是短斤少两。为了戏弄他，有人便写了副对联送他：养牛大如山老鼠头头死，酿酒缸缸好造醋坛坛酸。

　　此人拿着对联念道：

　　养牛大如山老鼠头头死

　　酿酒缸缸好造醋坛坛酸

　　他很高兴，便赶紧贴在了大门上。但是人们看到这副对联后，却再也不到他家里沽酒买肉了。因为人们是这么理解的：

　　养牛大如山老鼠头头死

　　酿酒缸缸好造醋坛坛酸

　　这便是典型的因结构层次引起的歧义。明朝四大才子之一祝枝山写的一副对联也可以做类似的分析：

　　明日逢春好不晦气

　　终年倒运少有余财

　　对这副对联的结构层次进行划分可以得到两种理解：

　　明日逢春 | 好不晦气　　明日逢春好 | 不晦气

　　终年倒运 | 少有余财　　终年倒运少 | 有余财

　　2. 结构关系不同引起的歧义

　　所谓结构关系就是通过语序和虚词反映出来的各种语法关系，比如主谓关系、动宾关系、偏正关系等。有时候，同一结构层次可能包含着不同的结构关系，而结构关系的不同又引起了短语或句子的歧义。比如：

　　进口汽车　学习文件

　　这两个短语层次并不麻烦，都可以这样划分：进口 | 汽车；学习 | 文件。但是每个短语都有着两种结构关系，因此容易引起歧义。"进口汽车"可以是动宾短语，指从国外进口汽车；也可

以是偏正短语，指进口的汽车。"学习文件"可以是动宾短语，指去学习某个文件；也可以是偏正短语，指供人们学习的文件。再比如：

（1）她们手中的线，我们身上的衣。

（2）天上的星星，地上的街灯。

句（1）中，"她们手中的线，我们身上的衣"既可以是并列关系，即"她们手中的线"和"我们身上的衣"，这也是联言判断；又可以是主谓关系，即"她们手中的线"织就了"我们身上的衣"，是关系判断。句（2）也可做类似的分析，前后两句为并列关系时，是联言判断；为主谓关系时，是指"天上的星星"看上去好像"地上的街灯"，是关系判断。

3. 语义关系不同引起的歧义

所谓语义关系是指隐藏在显性结构关系后面的各种语法关系，通常表现为施事（指动作的主体，也就是发出动作或发生变化的人或事物）和受事（受动作支配的人或事物）之间的关系。有时候，在结构层次和结构关系均不引起歧义的情况下，语义关系的不同，或者说施事和受事关系的不确定、不明晰也会引起歧义。比如：

（1）通知的人

（2）巴金的书

短语（1）中，"通知的人"可以是施事，比如我接到了小李的通知，那小李就是"通知的人"；也可以是受事，即被通知的人。短语（2）中，"巴金的书"可以指巴金拥有的书，也可以指巴金写的书。这就是语义关系不同引起的歧义。再比如：

（1）这位老人谁都可以接待。

（2）这个人连我都不认识。

句（1）中，"老人"为施事时，可理解为"老人"可以接待任何人；"老人"为受事时，则指任何人都可以接待"老人"。句（2）中，"这个人"为施事时，是指他不认识"我"；"这个人"为受事时，是指"我"不认识他。

有时候，单独看一个句子时，可能有结构歧义，但放在一定的语境中就不会引起歧义。所以，特定的语境一般可以消除结构歧义。若是在一定的语境中仍然会因结构层次、结构关系或语义关系引起歧义，就需要对其进行修改了。

## 直言判断

根据判断中是否包含模态词（即反映事物的必然性、可能性的"必然""可能"等词）可将判断分为模态判断和非模态判断。其中，模态判断是指断定事物可能性和必然性的判断，包括必然模态判断（或必然判断）和可能模态判断（或可能判断）。根据非模态判断中是否包含其他判断，可将其分为简单判断和复合判断。根据复合判断中包含的联结项的不同，可将其分为联言判断、选言判断、假言判断和负判断。根据断定的是对象的性质还是对象间关系，可将简单判断分为直言判断和关系判断。直言判断和关系判断也可以进行更细致的划分，我们后面会作详细介绍，在此不再赘述。

直言判断就是直接断定思维对象具有或不具有某种性质的判断，所以也叫性质判断。直言判断是简单判断的一种，具有简单判断的性质，即判断中不包括其他判断。比如：

（1）所有的孩子都是天真的。

（2）凡是领导说的话都是对的。

（3）有的老师不是教授。

（4）任何事物都不是静止的。

上述 4 个判断中，（1）、（2）都是断定对象具有某种性质的判断，（3）、（4）都是断定对象不具有某种性质的判断。其中，（1）断定"孩子"具有"天真"的性质；（2）断定"领导说的话"具有"对"的性质；（3）断定"有的老师"不具有"教授"的性质；（4）断定"任何事物"不具有"静止"的性质。这 4 个判断中都是直接断定对象具有或不具有这些性质的，而且除此之外这些判断都不包含其他判断，所以它们都是直言判断。

直言判断是由逻辑变项（即主项和谓项）和逻辑常项（即联项和量项）组成的。

1. 主项

在前面所举的 4 个判断中，"孩子""领导说的话""老师""事物"都是主项。由此可知，主项就是判断中被断定的对象，或者说是反映思维对象的那个概念。逻辑学中，主项通常用"S"表示。比如：

（1）小王是个电视迷。

（2）这个网站不是英语网站。

上述两个直言判断中，"小王"和"这个网站"都是主项。

一般来讲，任何直言判断都是有主项的。不过有时候，尤其是在一定的语境中，根据上下文的提示，主项也可省略。比如：

"听说来了远客，是哪位啊？"

"黛玉。"

这组对话中，因为有上下文的提示，所以在回答时就省略了主项"远客"，完整的表达应该是"远客是黛玉"。

2. 谓项

在前面所举的 4 个判断中，"天真的""对的""教授"和"静止的"都是谓项。由此可知，谓项就是指判断中被断定的对象具有或不具有某种性质的概念，或者说是反映思维对象属性的那个概念。逻辑学中，谓项通常用"P"表示。仍以上面两个判断为例：

（1）小王是个电视迷。

（2）这个网站不是英语网站。

在这两个直言判断中，"电视迷"和"英语网站"都是反映被断定的对象属性的概念，所以都是谓项。

同主项一样，谓项有时候也可省略。比如：

"小兵张嘎是个小英雄，还有谁是小英雄？"

"雨来。"

这组对话中，在回答时省略了谓项"小英雄"，完整的表达应该是"雨来也是小英雄。"

3. 联项

在前面所举的 4 个判断中，"是"和"不是"都是联项。由此可知，联项就是联结主项和谓项的那个概念，或者说联项是表示被断定的对象和其性质间关系的那个概念。一般来讲联项只包括"是"和"不是"两个。其中，"是"是肯定联项，它表示思维对象具有某种性质；"不是"是否定联项，它表示思维对象不具有某种性质。

在判断或表达时，有时也可以省略联项。在"主项"和"谓项"中所举的两组对话中，答语（即"黛玉"和"雨来"）实际上都省略了联项"是"。再比如：

（1）尼罗河，世界第一长河。

（2）林黛玉才貌双全，多愁善感。

上面这两个直言判断都省略了联项"是"，完整的表达应该是：

（1）尼罗河是世界第一长河。

（2）林黛玉是才貌双全、多愁善感的人。

### 4. 量项

在前面所举的 4 个判断中，"所有的""凡是""有的"和"任何"都是量项。由此可知，量项是表示主项（或被断定对象）的数量或范围的概念。量项一般置于主项之前，从语言学角度上讲，量项对主项起修饰限定的作用。在前面所举的 4 个判断中，"所有的""凡是""有的"和"任何"这 4 个量项都在主项前。不过，量项也可放在主项之后、联项之前，比如在前面 4 个判断中，（1）、（2）、（4）联项前都用了"都"字，这实际上就是量项。量项一般可分为 3 种：全称量项、特称量项和单称量项。

全称量项是指在判断中对主项的全部外延作断定的量项。常用的全称量项有"所有""全部""任何""一切""都""凡是""每个""个个"等。比如：

（1）一切反动派都是纸老虎。

（2）每个孩子都是父母的宝。

特称量项是指在判断中对主项的部分外延作断定的量项。常用的特称量项有"有的""有些""并非所有"等。比如：

（1）有的同学是我的邻居。

（2）有些书不是我的。

需要说明的是，特称量项在表示"有的"或"有些"主项具有某种性质时，只是对主项的这一部分外延作断定，这并不代表主项的另一部分外延完全不具有这种性质。反之，特称量项在表示"有的"或"有些"主项不具有某种性质时，也只是对主项的这一部分外延作断定，也并不代表主项的另一部分外延完全具有这种性质。看下面这则故事：

　　一次，美国著名作家马克·吐温就他的小说《镀金时代》答记者问时说道："美国国会中的有些议员是狗崽子养的。"此言见报后，舆论大哗。议员们都十分愤慨，纷纷谴责马克·吐温的无礼，并强烈要求他道歉，否则就将诉诸法律。几天后，马克·吐温在《纽约时报》上发表了"道歉声明"，把那句话改为"美国国会中的有些议员不是狗崽子养的。"

　　在这则故事中，有两个直言判断：
　　（1）美国国会中的有些议员是狗崽子养的。
　　（2）美国国会中的有些议员不是狗崽子养的。
　　显然，这两个判断中都使用了特称量项"有些"，不同的是，判断（1）是断定主项"议员"具有某种性质，是肯定判断；判断（2）是断定主项"议员"不具有某种性质，是否定判断。但是"肯定此"并不意味着"否定彼"，"否定彼"也并不意味着"肯定此"。所以，马克·吐温断定"美国国会中的有些议员是狗崽子养的"并不是说其他议员就一定不是"狗崽子养的"，反之亦然。马克·吐温正是通过这种方法来表达他对那些议员的嘲笑的。
　　单称量项是指在判断中，当主项为单独概念时用来断定主项的量项。比如：
　　（1）这个人是英国人。
　　（2）这道题是错的。
　　这两个直言判断中，"这个""这道"都是单称量项。
　　在全称量项、特称量项和单称量项中，特称量项是不能省略的。比如：
　　（1）有的同学是我的邻居。

（2）同学是我的邻居。

显然，省略特称量项"有的"后，主项的外延便不再受限制，该判断也成为一个新的判断了。

不过，有时候，全称量项和单称量项是可以省略的。比如：

（1）"每个孩子都是父母的宝。"和"孩子是父母的宝。"

（2）张鹏是班里最高的孩子。

判断（1）中，省略全称量项"每个"和"都"后，并不改变主项的外延，因此可以省去；判断（2）中，"张鹏"是一个单独概念，所以也可以不要单称量项。不过需要特别注意的是，全称量项一般都可省去，但单称量项有些是不能省的，一旦省去，就改变了主项的外延。比如："这个人是英国人"中的单称量项一旦省去就变成了"人是英国人"，这显然是不行的。

## 直言判断的种类

在对直言判断进行分类前，要先了解"质"和"量"这两个概念。所谓"质"，就是在直言判断中，联项所表示的主项和谓项之间的关系。因为联项有"是"与"不是"两个，所以它也就可以表示两种关系。所谓"量"，就是在直言判断中，被断定的对象（即主项）的量。因为直言判断中一般用"量项"来表示主项的量，所以可以用量项来表示直言判断的量。根据"质"和"量"的不同，可以把直言判断分为不同的种类。

### 根据"质"的不同来分类

根据直言判断"质"的不同，也就是联项的不同，可以将直言判断分为肯定判断和否定判断。我们在讲"判断的特征"时，曾根据"判断就是对思维对象有所肯定或否定"的特征，把判断分为肯定判断和否定判断。对直言判断的分类也是如此。

1. 肯定判断

在直言判断中，肯定判断就是对思维对象有所肯定的判断，即断定思维对象具有某种性质。思维对象也就是主项。在逻辑学中，肯定判断可以用"S 是 P"来表示。比如：

（1）思维规律是逻辑学研究的对象之一。

（2）她是最漂亮的新娘子。

这两个直言判断中，（1）断定"思维规律"具有"逻辑学研究对象"的性质，（2）断定"她"具有"最漂亮的新娘子"的性质，因此都是肯定判断。再比如：

《我问佛》一诗中有这么两句：

我问佛：如何才能如你般睿智？

佛曰：佛是过来人，人是未来佛。

其中，"佛是过来人"和"人是未来佛"两句都是直言判断中的肯定判断，"佛"具有"过来人"的性质，"人"具有"未来佛"的性质。

电影《非诚勿扰Ⅱ》中，李香山在他的人生告别会上说：

婚姻怎么选都是错的，长久的婚姻就是将错就错。

这两个直言判断也是肯定判断。

2. 否定判断

在直言判断中，否定判断就是对思维对象有所否定的判断，即断定思维对象不具有某种性质。在逻辑学中，否定判断可以用"S不是P"来表示。比如：

（1）他说的话不是实话。

（2）《蜀道难》不是律诗。

这两个直言判断中，（1）断定"他说的话"不具有"实话"的性质，（2）断定"《蜀道难》"不具有"律诗"的性质，所以都是否定判断。

**根据"量"的不同来分类**

根据直言判断中"量"的不同，也就是量项的不同，可以将直言判断分为全称判断、特称判断和单称判断。

1. 全称判断

在直言判断中，全称判断就是断定思维对象的全部外延都具有或不具有某种性质的判断。一般来讲，全称判断都有全称量项。当然，在不影响判断内容的前提下，全称量项是可以省略的。比如：

（1）所有的马都是脊椎动物。

（2）鸵鸟不是飞行动物。

这两个全称判断中，（1）断定"所有的马"（也就是"马"的全部外延）都具有"脊椎动物"的性质；（2）断定"鸵鸟"（也就是"鸵鸟"的全部外延）都不具有"飞行动物"的性质，不过它省略了全称量项"所有的"。

2. 特称判断

在直言判断中，特称判断就是断定思维对象的部分外延具有或不具有某种性质的判断。一般来讲，特称判断都有特称量项，而且不能省略。比如：

（1）有些单位是先进单位。

（2）有的人不是诚实守信的人。

这两个特称判断中，（1）断定"有些单位"（也就是"单位"的部分外延）具有"先进单位"的性质；（2）断定"有的人"（也就是"人"的部分外延）不具有"诚实守信"的性质。

不过，正如我们在上一节指出的，特称判断断定这一部分对象具有或不具有某种性质并不意味着断定另一部分对象一定不具有或具有这种性质。

3. 单称判断

在直言判断中，单称判断就是断定某一具体对象具有或不具有某种性质的判断。一般来讲，单称判断也有单称量项。不过，在不影响判断内容的前提下，单称量项也可以省略。比如：

（1）这首《献给爱丽丝》是钢琴曲。

（2）《西游记》不是战争小说。

在这两个单称判断中，（1）断定"这首《献给爱丽丝》"具有"钢琴曲"的性质，"这首"是单称量项；（2）断定"《西游记》"不具有"战争小说"的性质，并省略了单称量项"这部"。

**根据"质""量"的不同来分类**

根据直言判断中"质"和"量"两个标准的不同结合，可以将直言判断分为全称肯定（否定）判断、特称肯定（否定）判断和单称肯定（否定）判断。

1. 全称肯定判断

在直言判断中，全称肯定判断就是断定思维对象的全部外延都具有某种性质的判断。全称肯定判断同时具有全称判断的"全称"性和肯定判断的"肯定"性。通常全称肯定判断都有"一切……都是……""所有……都是……""任何……都是……""全部……都是……""凡是……都是……"等全称量项。在逻辑学中，全称肯定判断可以用"所有 S 是 P"来表示。因为拉丁文中表"肯定"的 Affirmo 中第一个元音字母为 A，所以全称肯定判断又叫 A 判断，其逻辑形式则表示为"SAP"。比如：

（1）一切人类的祖先都是猴子。

（2）所有工人阶级都是无产阶级。

这两个直言判断中，（1）、（2）都分别对其研究对象"人类""工人阶级"的全部外延作了肯定式断定，即断定它们分别具有"猴子"和"无产阶级"的性质，因此都是全称肯定判断。

2. 全称否定判断

在直言判断中，全称否定判断就是断定思维对象的全部外延都不具有某种性质的判断。全称否定判断同时具有全称判断的"全称"性和否定判断的"否定"性。通常全称否定判断都有"一切……都不是……""所有……都不是……""任何……都不是……""全部……都不是……""凡是……都不是……"等全称量项。在逻辑学中，全称否定判断可以用"所有 S 不是 P"来表示。因为拉丁文中表"否定"的 Nego 中第一个元音字母大写形式为 E，所以全称否定判断又叫 E 判断，其逻辑形式则表示为"SEP"。比如：

（1）所有电子书都不是纸质书。

（2）任何律诗都不是绝句。

这两个直言判断中，（1）、（2）都分别对其研究对象"电子书""律诗"的全部外延进行了否定式断定，即断定它们分别不具有"纸质书""绝句"的性质，因此都是全称否定判断。

需要说明的是，在不改变被断定对象外延的情况下，全称肯定判断和全称否定判断中的全称量项是可以省略的，比如"一切人类""所有工人阶级""所有电子书"和"任何成功"4 个主项的全称量项都可以省去。

3. 特称肯定判断

在直言判断中，特称肯定判断就是断定思维对象的部分外延具有某种性质的判断。特称肯定判断既有特称判断的"特称"性又有肯定判断的"肯定"性。通常特称肯定判断都有"有些……是……""有的……是……""一部分……是……"等特称量项。在逻辑学中，特称肯定判断可以用"有的 S 是 P"来表示。因为拉丁文中表"肯定"的 Affirmo 中第二个元音字母大写形式为 I，所以特称肯定判断又叫 I 判断，其逻辑形式则表示为"SIP"。比如：

（1）有的电梯是坏的。

（2）有些动作电影是很精彩的。

这两个直言判断中，（1）断定"有的电梯"（即"电梯"的部分外延）具有"坏"的性质，（2）则断定"有些动作电影"（即"动作电影"的部分外延）具有"精彩"的性质，因此都是特称肯定判断。

4. 特称否定判断

在直言判断中，特称否定判断就是断定思维对象的部分外延不具有某种性质的判断。特称否定判断既有特称判断的"特称"性又有否定判断的"否定"性。通常特称否定判断都有"有些……不是……""有的……不是……""一部分……不是……"等特称量项。在逻辑学中，特称否定判断可以用"有的 S 不是 P"来表示。因为拉丁文中表"否定"的 Nego 中第二个元音字母大写形式为 O，所以特称否定判断又叫 O 判断，其逻辑形式则表示为"SOP"。比如：

（1）有些月季品种不是玫瑰。

（2）有的宠物不是猫。

这两个直言判断中，（1）断定"有些月季"（即"月季"的部分外延）不具有"玫瑰"的性质，（2）则断定"有的宠物"（即"宠物"的部分外延）不具有"猫"的性质，因此都是特称否定判断。

需要特别注意的是，不管是特称肯定判断，还是特称否定判断，其中包含的特称量项都不可省略。

5. 单称肯定判断

在直言判断中，单称肯定判断就是断定某一具体对象具有某种性质的判断。单称判断的主项一般都是一个单独概念，有着单独概念的特征。单独概念的外延等于其内涵，所以对单独概念作断定就意味着对其全部外延作断定。所以，单独肯定判断与全称肯定判断都是对思维对象的全部外延作断定，只不过对象的量项不同。因此可以说，单称肯定判断实际上就是一种特殊的全称肯定判断。因此，传统逻辑学往往把它归入全称肯定判断的范畴。

在逻辑学中，单称肯定判断可以用"这个 S 是 P"来表示。因为拉丁文中表"肯定"的 Affirmo 中第一个元音字母小写形式为 a，所以单称肯定判断又叫 a 判断，其逻辑形式则表示为"SaP"。比如：

（1）上海是一个国际性大都市。

（2）李白是位大诗人。

这两个直言判断中，"上海""李白"都是单独概念，断定它们具有某种性质的判断就是单称肯定判断。

6. 单称否定判断

在直言判断中，单称否定判断就是断定某一具体对象不具有某种性质的判断。基于在"单称肯定判断"中讲到的原因，单称否定判断也是一种特殊的全称否定判断。因此，传统逻辑学往往把它归入全称否定判断的范畴。

在逻辑学中，单称否定判断可以用"这个 S 不是 P"来表示。因为拉丁文中表"否定"的 Nego 中第一个元音字母为 e，所以单称否定判断又叫 e 判断，其逻辑形式则表示为"SeP"。比如：

（1）郑州不是一个国际性大都市。

（2）李白不是小说家。

这两个直言判断中，"郑州""李白"都是单独概念，断定它们不具有某种性质的判断就是单称否定判断。

在单称肯定或否定判断中，在不影响主项外延的情况下，单称量项可以省去。此外，不管是单称判断还是全称判断，在表"肯定"的判断中，联项也是肯定的；在表"否定"的判断中，联项也是否定的。

由于单称肯定判断归入了全称肯定判断，单称否定判断归入了全称否定判断，所以直言判断一般以"A、E、I、O"4 种判断形式出现，即：全称肯定判断（SAP）、全称否定判断（SEP）、特称肯定判断（SIP）和特称否定判断（SOP）。

## 直言判断的主、谓项周延性问题

前面讲过，直言判断包括四部分：主项、谓项、联项和量项。周延性问题主要与直言判断中的主项和谓项有关。

直言判断中主、谓项的周延性问题是指在直言判断中，对主项和谓项的外延范围或数量作断定的问题。如果主项或谓项被断定反映了它们所表示的概念的全部外延，就说明主项或谓项的外延在这个直言判断中是周延的，反之，如果断定的结果是主项或谓项没有反映它们所表示的概念的全部外延，就说明主项和谓项在这个直言判断中是不周延的。所以，确切地说，周延性问题是与直言判断中主项和谓项的外延有关的问题。

我们已经知道，直言判断可以分为 A、E、I、O 4 种判断形式，在不同种类的直言判断中，主、谓项的周延性情况也是不同的。

### 1.A 判断中主、谓项的周延性

A 判断即全称肯定判断。我们以上节提到的两个 A 判断为例：

（1）一切人类的祖先（S）都是猴子（P）。

（2）所有工人阶级（S）都是无产阶级（P）。

判断（1）中，我们可以断定一切"人类的祖先"都是"猴子"，但却不能断定"猴子"都是一切"人类的祖先"。因为，"猴子"的外延很大，有的猴子进化成了人类，但有的猴子仍然是猴子。因此，在这个直言判断中，我们可以认为主项"人类的祖先"的全部外延是被断定的，因而是周延的，而谓项"猴子"的外延只有一部分被断定，因而是不周延的。对判断（2）进行类似的分析后，也同样可以得出主项"工人阶级"是周延的，而谓项"无产阶级"则是不周延的。

由此我们可以推断出，在 A 判断中，即"所有 S 是 P"这一逻辑形式中，主项"S"都是谓项"P"，因此主项"S"的全部外延是被断定的，因而是周延的；而谓项"P"却并不一定都是主项"S"，所以谓项"P"只有部分外延是被断定的，因而是不周延的。

### 2.E 判断中主、谓项的周延性

E 判断即全称否定判断。我们以上节提到的两个 E 判断为例：

（1）所有电子书（S）都不是纸质书（P）。

（2）任何律诗（S）都不是绝句（P）。

判断（1）中，我们可以断定所有"电子书"都不是"纸质书"，即"电子书"的全部外延都不相容于"纸质书"；同时也就断定了所有"纸质书"都不是"电子书"，即"纸质书"的全部外延也不相容于"电子书"。也就是说，主项"所有电子书"与谓项"纸质书"是全异关系。因此，在这个判断中，主项、谓项的外延都是被断定的，因而都是周延的。对判断（2）进行类似的分析后，也同样可以得出主项"律诗"和谓项"绝句"的外延都是被断定的，因而都是周延的。

由此我们可以推断出，在 E 判断中，即"所有 S 不是 P"这一逻辑形式中，主项"S"不是谓项"P"，即"S"的全部外延不相容于"P"，同时也断定了"P"的全部外延也不相容于"S"。二者的外延都是被断定的，因此在 E 判断中，主项、谓项都是周延的。

### 3.I 判断中主、谓项的周延性

I 判断即特称肯定判断。我们以上节提到的两个 I 判断为例：

（1）有的电梯（S）是坏的（P）。

（2）有些动作电影（S）是很精彩的（P）。

判断（1）中，有些"电梯"是"坏的"，就说明还有电梯不是"坏的"，因此并未对主项"电梯"的全部外延进行断定，因而主项是不周延的；此外，"坏的"可以是"电梯"，自然也可以是任何其他东西，所以谓项也没有被断定全部外延，因而也是不周延的；对判断（2）进行类似的分析后，同样可以得出主项"动作电影"和谓项"很精彩的"都是不周延的。

由此我们可以推断出，在 I 判断中，即"有的 S 是 P"这一逻辑形式中，主项既然是有的"S"，就表示"S"的外延没有被全部断定，因而主项是不周延的；同时，断定有的"S"是"P"，并不意味着断定所有的"P"都是"S"，也就是说，谓项"P"的外延也没有被全部断定，因而也是不周延的。

### 4. O判断中主、谓项的周延性

O判断即特称否定判断。我们以上节提到的两个O判断为例：

（1）有些月季品种（S）不是玫瑰（P）。

（2）有的宠物（S）不是猫（P）。

判断（1）中，有些"月季品种"，就表示不是所有"月季品种"，所以只是对主项"月季品种"中的一部分外延作了断定，因而它是不周延的；有些"月季品种"不是"玫瑰"，就表示那些除是"玫瑰"的"月季品种"外，"其他任何月季品种"都不是"玫瑰"，即"不是任何一种玫瑰"，换句话说就是断定了"任何一种玫瑰"的全部外延，因而谓项"玫瑰"是周延的。对判断（2）进行类似的分析后，同样可以得出主项"宠物"是不周延的，谓项"猫"则是周延的。

由此我们可以推断出，在O判断中，即"有的S不是P"这一逻辑形式中，主项既然是有的"S"，就表示"S"的外延没有被全部断定，因而主项是不周延的；"有的S"不是"P"，就是说这部分"S"不是任何一个"P"，换言之就是断定了"任何一个P"，即断定了"P"的全部外延，因而谓项"P"是周延的。

经过上面的分析，我们可以对直言判断中主、谓项的周延情况作如下总结：

| 直言判断的种类 | 逻辑形式 | 主项（S） | 谓项（P） |
| --- | --- | --- | --- |
| 全称肯定判断（A） | SAP | 周延 | 不周延 |
| 全称否定判断（E） | SEP | 周延 | 周延 |
| 特称肯定判断（I） | SIP | 不周延 | 不周延 |
| 特称否定判断（O） | SOP | 不周延 | 周延 |

从这个表格中，我们可以得出下面两个结论：

（1）全称判断的主项周延，特称判断的主项不周延；

（2）肯定判断的谓项不周延，否定判断的谓项周延。

在断定直言判断中主项和谓项是否周延时，我们需要注意以下几点：

第一，主、谓项的周延性必须放在直言判断中才能作断定。

直言判断是断定主、谓项是否周延的前提条件，这就好像你如果要避雨，就必须找个能遮雨的地方或东西。离开了直言判断这个前提条件，主、谓项的周延性问题就无从谈起。比如，对"手机"这一概念就无法直接断定其外延是否周延，但放在"所有手机都是商品"这一直言判断中就可以进行。

第二，单称肯定或否定判断中主、谓项的周延情况与全称肯定或否定判断中的一致。

我们在上一节讲过，单称肯定判断可以归入全称肯定判断，单称否定判断可以归入全称否定判断，因此在对单称肯定或否定判断中的主、谓项周延性问题作断定时，以全称肯定或否定判断中的情况为准即可。

第三，在直言判断中，主、谓项的周延性问题只与各种判断的形式有关，与实际内容无关。

逻辑学是一门形式学科，这是逻辑学的主要性质之一。因此，我们在断定直言判断中主、谓项是否周延时，只根据各判断的逻辑形式断定就行，至于主项或谓项的具体内容是什么则不重要。比如，在"所有 S 不是 P"这一逻辑形式中，不管"S"或"P"填充什么内容，都不影响主、谓项周延性的断定。换句话说，就是其具体内容与实际情况是否符合并无关系。比如：

（1）所有的人不是善良的。

（2）所有的人都是善良的。

在这两个全称判断中，根据我们上面的分析，可以得出判断（1）中，主项"人"与谓项"善良的"都是周延的；判断（2）中，主项"人"是周延的，谓项"善良的"则是不周延的。虽然这两个判断都不符合实际情况，但对断定其主、谓项周延性并无妨碍，因为这种断定只与各种判断形式有关。

直言判断中主、谓项的周延问题是逻辑学中比较重要的内容之一，只有对这个问题完全理解了，在以后进行直言判断的直接推理和间接推理时才能运用自如。

## A、E、I、O 之间的真假关系

要判断 A、E、I、O 之间的真假关系，则需先判断 A、E、I、O 各判断自身的真假；要判断 A、E、I、O 各判断自身的真假，则需要判断各判断中主、谓项的关系。判断各直言判断中主、谓项的关系，就需要考察主、谓项概念外延的关系。根据在"概念间的关系"中的分析，两个概念间具有同一、真包含、真包含于、交叉和全异 5 种关系。

### A、E、I、O 各判断的真假关系

1.A 判断

我们看下面两个 A 判断：

（1）所有直言判断（S）都是性质判断（P）。

（2）所有的花（S）都是有颜色的（P）。

判断（1）中，主项"直言判断"（S）和谓项"性质判断"（P）是全同关系，即 S 与 P 完全重合，这时该判断则为真；判断（2）中，主项"花"（S）与谓项"有颜色的"（P）是真包含于关系，即 S 真包含于 P，这时该判断也为真。

再看下面 3 个 A 判断：

（1）所有动物（S）都是哺乳动物（P）。

（2）所有英语系学生（S）都是英语高手（P）。

（3）所有沙漠（S）都是绿洲（P）。

判断（1）中，主项"动物"（S）与谓项"哺乳动物"（P）是真包含关系，即 S 真包含 P；判断（2）中，主项"英语系学生"（S）和谓项"英语高手"（P）是交叉关系，即 S 与 P 交叉；判断（3）中，主项"沙漠"（S）与谓项"绿洲"（P）是全异关系，即 S 与 P 全异。显然，在这 3 种关系中，这些判断都为假。

由此可知，当 S 与 P 是同一关系或真包含于关系时，A 判断为真判断；当 S 与 P 是真包含、交叉或全异关系时，A 判断为假判断。

2.E 判断

我们看下面 4 个 E 判断：

（1）所有直言判断（S）都不是性质判断（P）。

（2）所有动物（S）都不是哺乳动物（P）。

（3）所有的花（S）都不是有颜色的（P）。

（4）所有英语系学生（S）都不是英语高手（P）。

根据上面的判断，我们可知这 4 个 E 判断中主、谓项即 S 与 P 之间的关系依次为同一、真包含、真包含于和交叉关系。显然，当 S 与 P 是这 4 种关系时，这些判断都是假判断。

再看下面两个 E 判断：

（1）所有沙漠（S）都不是绿洲（P）。

（2）所有少年（S）都不是老年（P）。

在这两个判断中，主、谓项即 S 与 P 是全异关系，这时这两个判断为真判断。

由此可知，当 S 与 P 是全异关系是，E 判断为真判断；当 S 与 P 是同一、真包含、真包含于或交叉关系时，E 判断为假判断。

3.I 判断

我们看下面 4 个 I 判断：

（1）有的直言判断（S）是性质判断（P）。

（2）有的动物（S）是哺乳动物（P）。

（3）有的花（S）是有颜色的（P）。

（4）有的英语系学生（S）是英语高手（P）。

我们已经知道这 4 个判断中主、谓项即 S 与 P 的关系依次是同一、真包含、真包含于和交叉关系。显然，当 S 与 P 是这 4 种关系时，这些判断都是真判断。

再看下面两个 I 判断：

（1）有的沙漠（S）是绿洲（P）。

（2）有的少年（S）是老年（P）。

这两个判断中，主、谓项都是全异关系，显然，这时这两个判断都是假判断。

由此可知，当 S 与 P 是同一、真包含、真包含于或交叉关系时，

I 判断为真判断；当 S 与 P 是全异关系是，I 判断为假判断。

4.O 判断

我们看下面两个 O 判断：

（1）有的直言判断（S）不是性质判断（P）。

（2）有的花（S）不是有颜色的（P）。

这两个判断中，主、谓项即 S 与 P 的关系分别是同一关系和真包含于关系，这时这两个判断为假判断。

再看下面 3 个 O 判断：

（1）有的动物（S）不是哺乳动物（P）。

（2）有的英语系学生（S）不是英语高手（P）。

（3）有的少年（S）不是老年（P）。

这 3 个判断中，主、谓项即 S 与 P 的关系依次是真包含、交叉和全异关系，这时这 3 个判断都为真判断。

由此可知，当 S 与 P 是真包含、交叉或全异关系时，O 判断为真判断；当 S 与 P 是同一关系或真包含于关系时，O 判断为假判断。

根据上面的结论，我们可以将各直言判断的真假关系总结如下：

| | 同一关系 | 真包含于关系 | 真包含关系 | 交叉关系 | 全异关系 |
|---|---|---|---|---|---|
| A 判断 | 真 | 真 | 假 | 假 | 假 |
| E 判断 | 假 | 假 | 假 | 假 | 真 |
| I 判断 | 真 | 真 | 真 | 真 | 假 |
| O 判断 | 假 | 假 | 真 | 真 | 真 |

### A、E、I、O 各判断之间的对当关系

我们先看下面 4 个直言判断：

（1）所有的监狱都是国家机器。

（2）所有的监狱都不是国家机器。

（3）有的监狱是国家机器。

（4）有的监狱不是有阶级性的。

这4个直言判断中，（1）、（2）、（3）三个判断的主项都是"监狱"，谓项都是"国家机器"；判断（4）的主项也是"监狱"，但谓项则是"有阶级性的"。所以，（1）、（2）、（3）3个判断的主、谓项都是相同的，于是我们可以说这3个判断是同一素材；判断（4）与其他3个判断主项相同，谓项不同，于是我们就说它与其他3个判断不是同一素材。

所谓同一素材的直言判断就是指各判断的逻辑变项（即主项和谓项）必须相同、逻辑常项（即联项和量项）可以不同的情况。在我们分析 A、E、I、O 4 种判断之间的对当关系时，需要遵循的前提条件就是它们需有着同一素材，即相同的主项和谓项。

1. 反对关系

对上面的表格中 A 判断和 E 判断的真假关系进行比较我们可以得出下面两个结论：

（1）当 A 判断为真时，E 判断必为假；当 A 判断为假时，E 判断则真假不定。

（2）当 E 判断为真时，A 判断必为假；当 E 判断为假时，A 判断则真假不定。

由此可知，对于 A 判断与 E 判断来说，其中一个为真时，另一个必为假；其中一个为假时，另一个却真假不定。也就是说它们可以同假，但不能同真。A 判断与 E 判断之间的这种关系在逻辑学中称为反对关系。比如：

（1）所有的手机都是智能的。

（2）所有的手机都不是智能的。

显然，（1）为 A 判断，（2）为 E 判断，二者可以同假，但不可能同真，是反对关系。

2. 下反对关系

对上面的表格中 I 判断和 O 判断的真假关系进行比较我们可以得出下面两个结论：

（1）当 I 判断为真时，O 判断真假不定；当 I 判断为假时，则 O 判断必为真。

（2）当 O 判断为真时，I 判断真假不定；当 O 判断为假时，则 I 判断必为真。

由此可知，对于 I 判断与 O 判断来说，其中一个为真时，另一个真假不定；其中一个为假时，另一个则必为真。也就是说它们可以同真，但不能同假。I 判断与 O 判断之间的这种关系在逻辑学中称为下反对关系。比如：

（1）有的手机是智能的。

（2）有的手机不是智能的。

显然，（1）为 I 判断，（2）为 O 判断，二者可以同真，但不可能同假，是下反对关系。

3. 矛盾关系

A 判断与 O 判断

对上面的表格中 A 判断和 O 判断的真假关系进行比较我们可以得出下面两个结论：

（1）当 A 判断为真时，O 判断必为假；当 A 判断为假时，O 判断则必为真。

（2）当 O 判断为真时，A 判断必为假；当 O 判断为假时，O 判断则必为真。

由此可知，对于 A 判断与 O 判断来说，其中一个为真时，另一个则必为假；其中一个为假时，另一个则必为真。也就是说二者既不能同真，也不能同假。A 判断与 O 判断之间的这种关系在逻辑学上称为矛盾关系。看下面这道题：

若"无商不奸"为假，那么下面哪一项为真？

A. 所有的商人都是奸的　　　　B. 所有奸的都是商人

C. 有的商人不是奸的　　　　　D. 所有商人都不是奸的

这道题中，"无商不奸"的意思是"所有的商人都是奸的"，是 A 判断；A 项与命题重复，故首先排除；B 项也是 A 判断，但与命题主、谓项颠倒了，不是同一素材，也排除；D 项是 E 判断，与命题是反对关系，即 A 判断假时 E 判断真假不定，也可排除；C 项是 O 判断，与命题是矛盾关系，即 A 判断假时 O 判断必为真，所以选 C 项。

E 判断与 I 判断

对前面表格中 E 判断和 I 判断的真假关系进行比较我们可以得出下面两个结论：

（1）当 E 判断为真时，I 判断必为假；当 E 判断为假时，I 判断则必为真。

（2）当 I 判断为真时，E 判断必为假；当 I 判断为假时，E 判断则必为真。

由此可知，E 判断与 I 判断也是既不能同真，也不能同假，也属于矛盾关系。比如：

（1）所有的手机都不是智能的。

（2）有的手机是智能的。

显然，（1）为 E 判断，（2）为 I 判断。当（1）为真时，（2）必为假；当（1）为假时，（2）必为真。反之亦然。

4. 从属关系

A 判断与 I 判断

对上页的表格中 A 判断和 I 判断的真假关系进行比较我们可以得出下面两个结论：

（1）当 A 判断为真时，I 判断必为真；当 A 判断为假时，I 判断则真假不定。

（2）当 I 判断为真时，A 判断真假不定；当 I 判断为假时，A 判断则必为假。

由此可知，A 判断与 I 判断不一定总是同真，也不一定总是同假。A 判断与 I 判断的这种关系在逻辑学上称为从属关系或等差关系。比如：

（1）所有的手机都是智能的。

（2）有的手机是智能的。

显然，（1）是 A 判断，（2）是 I 判断。若（1）为真，即所有的手机都是智能的，（2）必为真，因为"有的手机"包含在"所有的手机"中；若（1）为假，则（2）的真假难定。反之，若（2）为真，"有的手机"是智能的并不代表"所有的手机"都是智能的，但也不排除"所有的手机"都是智能的，这时（1）真假难定；

若（2）为假，就表示"有的手机"不是智能的，这样一来，（1）就必为假了。因此，这两个判断是从属关系或等差关系。

E 判断与 O 判断

对上面的表格中 E 判断和 O 判断的真假关系进行比较我们可以得出下面两个结论：

（1）当 E 判断为真时，O 判断必为真；当 E 判断为假时，O 判断则真假不定。

（2）当 O 判断为真时，E 判断真假不定；当 O 判断为假时，E 判断则必为假。

由此可知，E 判断与 O 判断之间也是从属关系或等差关系。比如：

（1）所有的手机都不是智能的。

（2）有的手机不是智能的。

显然，（1）是 E 判断，（2）是 O 判断。在对它们进行如上面类似的分析后，亦可得出 E 判断与 O 判断是从属关系或等差关系。

5. 单称肯定判断和单称否定判断的关系

我们前面讲过，传统逻辑学一般把单称肯定判断归入全称肯定判断（即 A 判断），把单称否定判断归入全称否定判断（即 E 判断）。A 判断与 E 判断是反对关系，那么，单称肯定判断与单称否定判断之间是不是也是反对关系呢？看下面这则故事：

一天，甲和乙谈起鲁迅时，甲突然问道："对了，鲁迅姓什么呢？"乙说："当然姓周了。"甲哈哈大笑道："错！鲁迅当然姓鲁了，怎么会姓周呢？"

这则故事中，包含着一对单称肯定判断和单称否定判断，即：

（1）鲁迅是姓周的。（单称肯定判断）

（2）鲁迅不是姓周的。（单称否定判断）

显然，若判断（1）为真，即"鲁迅姓周"，则判断（2）必为假；若判断（1）为假，即"鲁迅不姓周"，则判断（2）必为真。反之亦然。

由此可见，单称肯定判断与单称否定判断之间是矛盾关系，这与全称肯定判断和全称否定判断之间的关系是不同的。这一点一定要分清楚。

通过上面对 A、E、I、O 4 种直言判断之间关系的分析，我们知道 A 与 E 之间是反对关系；I 与 O 之间是下反对关系；A 与 O 之间、E 与 I 之间是矛盾关系；A 与 I 之间、E 与 O 之间是从属关系或等差关系。我们把 A、E、I、O 这 4 种直言判断之间关系叫做对当关系。它可以用下面的逻辑方阵来表示：

为了记忆方便，有人曾根据逻辑方阵把直言判断中的这 4 种关系概括为几句口诀，即："上不同真；下不同假；两边自上而下真必真，自下而上假必假；中间交叉分真假。"

## 关系判断

马克思主义哲学认为，世界上没有完全孤立存在的事物，一切事物都处在普遍联系中。在逻辑学中，关系判断就是研究事物之间关系的一种判断。

### 关系判断的含义

关系判断就是断定思维对象之间是否具有某种关系的判断。比如：

（1）梁山伯与祝英台是一对恋人。

（2）张明比其他同学都要高。

（3）所有的梁山好汉与宋江都是兄弟。

上述 3 个判断中，（1）断定"梁山伯"与"祝英台"具有"恋人"关系；（2）断定"张明"与"其他同学"具有"高"的关系；（3）断定"所有的梁山好汉"与"宋江"具有"兄弟"的关系。所以这 3 个判断都是关系判断。

断定思维对象之间具有某种关系时，是关系判断；同样，断定思维对象之间不具有某种关系时，也是关系判断。我们看《世说新语》中记载的一个故事：

管宁、华歆共园中锄菜，见地有片金，管挥锄与瓦石不异，华捉而掷去之。又尝同席读书，有乘轩冕过门者，宁读如故，歆

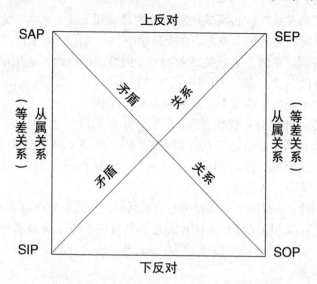

废书出看。宁割席分坐，曰："子非吾友也。"

这就是著名的"割席断交"的故事。在这个故事中，有两个关系判断：

（1）华歆与管宁是朋友。

（2）华歆与管宁不是朋友。

判断（1）中断定"华歆"与"管宁"具有"朋友"的关系，所以是关系判断；判断（2）中断定"华歆"与"管宁"不具有"朋友"的关系，也是关系判断。

需要注意的是，只有对思维对象之间的关系进行断定才是关系判断，若没有断定则不是关系判断。比如：

那两个人是王磊和李欣。

这个判断中虽然也包括两个思维对象，即"王磊"和"李欣"，但并没有断定他们具有或不具有某种关系，因此不是关系判断。

**关系判断的结构**

关系判断都是由关系者项、关系项和量项三部分组成。

所谓关系者项就是关系判断所断定的对象，或者说是反映思维对象的那些概念。在逻辑学中，一般用小写 a、b、c 等来表示。

所谓关系项就是反映被断定的各对象间（或关系者项之间）具有某种关系的那个概念。在逻辑学中，一般用 R 表示。

所谓量项就是表示关系者项数量或范围的概念。常用量项有"所有的""全部""有些""有的"等。

以上面所举的几个关系判断为例，其中：

关系者项有：梁山伯（a）和祝英台（b）、张明（a）和其他同学（b）、梁山好汉（a）和宋江（b）、华歆（a）和管宁（b）。

关系项有：恋人（R）、高（R）、兄弟（R）、朋友（R）。

量项有：所有的。

因此，具有两个关系者项的关系判断的逻辑形式可以表示为：aRb 或 Rab，即 a 与 b 具有 R 关系；具有两个以上关系者项的关系判断的逻辑形式可以表示为：Ra，b，c……即 a，b，c……具有 R 关系。

**关系判断的种类**

关系判断可以分为对称性关系和传递性关系两种。其中，从是否具有对称性看，对称性关系可分为对称关系、反对称关系和非对称关系；从是否具有传递性看，传递性关系可分为传递关系、反传递关系和非传递关系。

1. 对称性关系

对称关系

对称关系是指当这一对象与另一对象具有某种关系时，另一对象与这一对象也具有这种关系。即：当 a 与 b 具有 R 关系时，b 与 a 也具有 R 关系。比如：

（1）1 小时（a）等于 60 分钟（b）。

（2）Lily（a）和 Lucy（b）是双胞胎。

判断（1）中，"1 小时"与"60 分钟"具有"等于"的关系，"60 分钟"与"1 小时"也具有"等于"的关系；判断（2）中，"Lily"与"Lucy"具有"双胞胎"的关系，"Lucy"与"Lily"也具有双胞胎的关系。也就是说，当 aRb 成立时，bRa 也成立，因此这两个关系判断都具有对称关系。

现代汉语中，表对称的常用关系项还有"朋友""同学""交叉""矛盾""对立"等。

反对称关系

反对称关系是指当这一对象与另一对象具有某种关系时，另一对象与这一对象必不具有这种关系。即：当 a 与 b 具有 R 关系时，b 与 a 必不具有 R 关系。看下面这则故事：

国王听说阿凡提很聪明，心中很不高兴，便想故意为难他一下。

他派人把阿凡提叫来，盛气凌人地说："阿凡提，听说你很聪明。那么，你能猜出自己什么时候会死吗？如果你能猜出来，那就说明你是真聪明；如果猜不出来，就说明你是个骗子。"

阿凡提知道国王是在刁难他，如果他猜自己明天死，国王现在就会杀了他；如果他猜自己今天死，国王就会故意不在今天杀他。不管怎么猜，都难逃一死。于是他就说道："国王陛下，曾经有位先知告诉我，说我会比您早死 3 天，我想应该是这样吧。"

国王一听，就不敢对阿凡提怎么样了，因为他唯恐杀了阿凡提后，自己 3 天后也会死。

这则故事中，有一个关系判断，即："阿凡提的死会早于国王的死。"在这个判断中，两个关系者项是"阿凡提的死"（a）和"国王的死"（b），关系项是"早于"（R）。当"阿凡提的死"早于"国王的死"时，"国王的死"则必不早于"阿凡提的死"。也就是说，当 aRb 成立时，bRa 必不成立，因此这个关系判断是反对称的。

现代汉语中，表反对称的常用关系项还有"大于""小于""晚于""多于""少于""高于""低于""重于""轻于""统治""剥削"等。

非对称关系

非对称关系是指当这一对象与另一对象具有某种关系时，另一对象与这一对象的关系不确定，它们可能具有这种关系，也可能不具有这种关系。也就是说，当 a 与 b 具有 R 关系时，b 与 a

可能具有 R 关系，也可能不具有 R 关系。比如：

（1）晴雯（a）喜欢贾宝玉（b）。

（2）蓝队（a）支持红队（b）。

判断（1）中，"晴雯"喜欢"贾宝玉"，"贾宝玉"是否喜欢"晴雯"并不确定；判断（2）中，"蓝队"支持"红队"，但"红队"可能支持"蓝队"，也可能不支持。也就是说，当 aRb 成立时，bRa 可能成立，也可能不成立。因此，这两个关系判断都是非对称的。

现代汉语中，表非对称的常用关系项还有"尊重""爱戴""帮助""佩服""重视"等。

### 2. 传递性关系

传递关系

传递关系是指如果 A 对象与 B 对象具有某种关系且 B 对象与 C 对象也具有这种关系时，A 对象与 C 对象也必具有这种关系。也就说，当 a 与 b 具有 R 关系且 b 与 c 也具有 R 关系时，a 与 c 也必具有 R 关系。比如：

（1）直线 a 与直线 b 平行，直线 b 与直线 c 平行，所以直线 a 与直线 c 平行。

（2）甲写的字（a）好于乙写的字（b），乙写的字（b）好于丙写的字（c），所以甲写的字（a）好于丙写的字（c）。

判断（1）中的"平行"和判断（2）中的"好于"就是表传递的关系项。由此可知，当 aRb 成立且 bRc 也成立时，aRc 也成立。因此，这两个关系判断都具有传递关系。

现代汉语中，表传递的常用关系项还有"大于""小于""等于""高于""包含""重于""在……后"等。

反传递关系

反传递关系是指如果 A 对象与 B 对象具有某种关系且 B 对象与 C 对象也具有这种关系时，A 对象与 C 对象必不具有这种关系。也就说，当 a 与 b 具有 R 关系且 b 与 c 也具有 R 关系时，a 与 c 必不具有 R 关系。比如：

（1）直线 a 垂直于直线 b，直线 b 垂直于直线 c，则直线 a

必不垂直于直线 c。

（2）甲（a）是乙（b）的儿子，乙（b）是丙（c）的儿子，则甲（a）必不是丙（c）的儿子。

判断（1）中的"垂直于"与判断（2）中的"儿子"都是表反传递的关系项。由此可知，当 aRb 成立且 bRc 也成立时，aRc 必不成立。因此，这两个关系判断都是反传递的。

现代汉语中，表反传递的常用关系项还有"重……斤""大……岁""是父亲"等。

非传递关系

非传递关系是指如果 A 对象与 B 对象具有某种关系且 B 对象与 C 对象也具有这种关系时，A 对象与 C 对象可能具有这种关系，也可能不具有这种关系。也就是说当 a 与 b 具有 R 关系且 b 与 c 也具有 R 关系时，a 与 c 的关系不确定，可能具有 R 关系，也可能不具有 R 关系。比如：

（1）小明（a）认识小光（b），小光（b）认识小红（c），则小明（a）不一定认识小红（c）。

（2）蓝队（a）支持红队（b），红队（b）支持黄队（c），则蓝队（a）不一定支持红队（c）。

判断（1）中的"认识"和判断（2）中的"支持"都是表非传递的关系项。由此可知，当 aRb 成立且 bRc 也成立时，aRc 可能成立，也可能不成立。因此，这两个关系判断都是非传递的。

现代汉语中，表非传递的常用关系项还有"尊重""喜欢""交叉""帮助"等。

直言判断与关系判断的不同

第一，二者研究的对象不同。直言判断是断定思维对象是否具有某种性质的判断，关系判断是断定思维对象之间关系的判断。

第二，二者研究对象的数量不同。直言判断主要是对一个或一类对象作判断，关系判断则是对两个或两个以上的对象作判断。

第三，构成要素不同。直言判断由主项、谓项、联项和量项四部分组成，关系判断则由关系者项、关系项和量项组成。

逻辑学中的关系判断是对各种事物或对象之间的关系作判断

的，而且这种判断形式可以应用于各个领域，这无疑对其他各学科的研究有着一定的影响。所以，我们要准确理解关系判断，这也是以后进行关系推理的基础。

## 联言判断

### 联言判断的含义

根据复合判断中包含的联结项的不同，可将其分为联言判断、选言判断、假言判断和负判断。所谓复合判断，就是由连接词联接的两个或两个以上的简单判断（包括直言判断和关系判断）有机组合而成的判断。这些组成复合判断的简单判断叫肢判断，连接词就是联结项。所以，简单地说，复合判断就是由连接词和肢判断组成的判断。比如：

（1）虽然他取得了很大的成就，但他行为处世依然很低调。

（2）他有点儿不舒服，可能是感冒，也可能是太累了。

（3）假如给我 3 天光明，我将好好观察这个世界。

（4）并非所有人都害怕鬼。

以上 4 个判断都是复合判断，依次为联言判断、选言判断、假言判断和负判断。

联言判断是复合判断的一种。所以，联言判断具有复合判断的基本特征。也就是说，联言判断也包括两个或两个以上的简单判断，也有连接词。但是，联言判断是复合判断，复合判断却并非都是联言判断。因为联言判断也有着自己的一些特征。比如：

（1）她很年轻，并且也很漂亮。

（2）狄仁杰不但善于探案，而且能于治国。

（3）主演不是陈道明，而是陈宝国。

这 3 个联言判断中，（1）断定"她"既年轻，又漂亮；（2）断定"狄仁杰"既是神探，又有治国之能；（3）断定"主演"不是陈道明，而是陈宝国。也就是说，每个联言判断都是对其所反映的事物或对象存在情况的一种断定。

因此，我们可以得出，所谓联言判断就是断定几种对象或事物情况同时存在的复合判断。

**联言判断的结构**

联言判断是由联言肢和联言连接词组成的。

1. 联言肢

联言肢就是组成联言判断的各简单判断，换言之，联言肢就是组成联言判断的各肢判断。以上面3个联言判断为例：判断（1）中包括"她很年轻"和"她很漂亮"两个联言肢；判断（2）中包括"狄仁杰善于探案"和"狄仁杰能于治国"两个联言肢；判断（3）包括"主演不是陈道明"和"主演是陈宝国"两个联言肢。在逻辑学中，联言肢一般用小写字母"p""q""r"等来表示。

对于联言肢，有以下几点需要注意：

第一，联言判断中要包括两个或两个以上的联言肢，也就是说一个联言判断中，至少要包括两个联言肢。比如上面举的3个联言判断都分别包括两个联言肢。再比如：

我们一方面要紧急转移灾民，一方面要加固河堤，另一方面还要做好各项应急准备工作。

上面这个联言判断中就包括3个联言肢，即"我们要紧急转移灾民""我们要加固河堤"和"我们要做好各项应急准备工作"。

第二，组成联言判断的联言肢可以是直言判断，也可以是关系判断。联言判断是由简单判断组成的复合判断，而简单判断又包括直言判断和关系判断，所以联言肢既可以是单独的直言判断或关系判断，也可以同时包括直言判断和关系判断。比如：

《非诚勿扰II》与《非诚勿扰》是姊妹篇，是一部好看的电影。

这个联言判断中，包括两个联言肢，一个是直言判断"《非诚勿扰II》是一部好看的电影"，一个是关系判断"《非诚勿扰II》与《非诚勿扰》是姊妹篇"。

第三，为了表达上的简洁，有些时候，联言判断可以适当省略各联言肢共有的语法成分。比如：

他是一个学识渊博、思维缜密的人。

这个联言判断包括两个联言肢，即"他是一个学识渊博的人"和"他是一个思维缜密的人"。为了避免重复，省略了主语成分"他"和谓语成分"是"以及数量词"一个"。

第四，联言肢是联言判断中的逻辑变项，可以随着实际需要而改变。

2. 联言连接词

在联言判断中，连接词就是联结各联言肢的词项，它反映着各联言肢的关系，也叫联言连接词。联言判断中经常使用的连接词有"并且""不但……而且……""既……又……""虽然……但是……""不是……而是……""一方面……另一方面……""是……也是……""不仅……而且（也）……"等。其中，"并且"构成联言判断比较重要的连接词。

对于连接词，有以下几点需要注意：

第一，任何关系判断都包括连接词，但有时候为了表达上的简洁，根据实际需要可以省略连接词。比如，"她年轻漂亮、聪明能干"这个联言判断中就省略了连接词"既……又……"。完整的表达是这样："她既年轻漂亮，又聪明能干。"

第二，要特别注意省略连接词只是为了语言表达的简洁，在逻辑结构上，连接词的作用依然存在。比如上面的例子中虽然省略了连接词，但并不改变其在逻辑结构上的作用。

第三，连接词是联言判断中的逻辑常项，同样的连接词，可以联结不同的联言肢。也就是说，一个判断是否是联言判断，与联言肢的具体内容无关，而与连接词有关。

3. 联言判断的逻辑形式

联言判断的逻辑形式是：p 并且 q，即：$p \wedge q$。

其中，"$\wedge$"是"合取"之意，因此，联言肢 p 和 q 又被称为合取肢。比如，"她很年轻，并且也很漂亮"就可表示为"p 并且 q"；"狄仁杰不但善于探案，而且能于治国"可以表示为"不但 p 而且 q"。

**联言判断的真假值**

"任何判断都有真有假"是"判断"的基本特征之一，联言判断作为"判断"的一种，自然也有真假之分。联言判断的这种或真或假的性质叫做联言判断的真假值或逻辑值，简称真值。我们知道，联言判断是由两个或两个以上的联言肢组成的，因此，联言判断的真假值就与每个联言肢有关。只有当每一个联言肢都是真的时候联言判断才是真的，只要有任何一个联言肢为假，那这个联言判断就必为假。换言之，若一个联言判断为假，则至少有一个联言肢是假的。比如：

（1）哺乳动物既不是恒温动物（p），也不是脊椎动物（q）。

（2）哺乳动物是恒温动物（p），但不是脊椎动物（q）。

（3）哺乳动物不是恒温动物（p），而是脊椎动物（q）。

（4）哺乳动物既是恒温动物（p），又是脊椎动物（q）。

上面4个联言判断中，判断（1）p为假，q也为假，故该判断为假；判断（2）中，p为真，q为假，故该判断也为假；判断（3）中，p为假，q为真，故该判断也为假；判断（4）中，p为真，q也为真，故该判断为真。

由此可知，只有当p为真且q为真时，"p∧q"才为真；若p或q任一个为假，则"p∧q"必为假。反之，若"p∧q"为真，则p和q必为真；若"p∧q"为假，则p和q必有一个为假，或者p和q均为假。看下面一则故事：

约翰到服装店买衣服，看到墙体上贴着一张"买一送一"的标语，便问："你们说'买一送一'，这'送一'是送什么？"售货员答道："是指送一条领带。"约翰又问："也就是说，领带是免费的了？"售货员答道："是的，先生。"约翰笑了笑道："那好吧，麻烦你送我一条免费的领带吧。"

在这个故事中，包含这一个联言判断："买一件衣服，并且送一条领带。"也就是说，只有当"买一件衣服"和"送一条领带"这两个联言肢都为真时，这个联言判断才是真的，这个"买一送一"的行为才可能实现。但是约翰并没有买衣服，所以"买一件衣服"这个判断为假，那么这个联言判断也必为假，"买一送一"的行为自然也就不能实现了。

根据上面的分析，我们可以总结出下面这个"联言判断真值表"：

| 联言肢（p） | 联言肢（q） | P并且q（p∧q） |
|---|---|---|
| 假 | 假 | 假 |
| 真 | 假 | 假 |
| 假 | 真 | 假 |
| 真 | 真 | 真 |

由此可知，当且仅当所有联言肢都为真时，联言判断的逻辑值才为真。

在分析联言判断的真假值时，需要注意以下几点：

第一，既要根据实际情况分析所有联言肢的真假，也要注意连接词。因为，由不同的连接词和同样的联言肢组成的联言判断的真假不一定相同。比如，"哺乳动物既是恒温动物，又是脊椎动物"为真，但"哺乳动物不是恒温动物，而是脊椎动物"则为假。

第二，一般情况下，联言判断的真假与联言肢的内容有关，与其顺序无关。也就说联言肢的顺序不影响联言判断的真假，即 p∧q 等于 q∧p。比如，"哺乳动物既是恒温动物，又是脊椎动物"为真，"哺乳动物既是脊椎动物，又是恒温动物"也为真。

第三，有些联言判断的联言肢一旦顺序变了，联言判断的真假也会变。对于这类联言判断，p∧q 不等于 q∧p，其联言肢的顺序也一定不能改变。比如，若"主演不是陈道明，而是陈宝国"为真，则"主演不是陈宝国，而是陈道明"就必为假了；再比如，"小明今天考试了，并且考得很好"是符合逻辑的判断，但"小明今天考得很好，并且考试了"就不合逻辑了。一般来讲，联言肢要按概念的外延从大到小的顺序或者事物发生发展的时间顺序来排列。

第四，在逻辑学中，研究联言判断时一般只研究联言判断与其联言肢之间的真假对应关系，而不关注它们所表示的意义方面的联系。

## 充分条件假言判断

### 假言判断的含义

作为复合判断的一种，假言判断也具有复合判断的特征，即由两个或两个以上的肢判断和连接词组成。与断定几种事物情况同时存在的联言判断不同，假言判断是断定某一事物情况的存在是另一事物情况存在的条件的判断。也就是说，假言判断研究的是事物间的条件关系。比如：

（1）如果你病了，就会不舒服。

（2）只有具备了天时、地利和人和，我们才能取胜。

（3）当且仅当两条直线的同位角相等，则两直线平行。

上述3个判断中，判断（1）断定了"生病"是"不舒服"的条件，只有"生病"这个条件存在，"不舒服"才存在；判断（2）断定"具备天时、地利和人和"是"取胜"的条件，只有"天时、地利和人和"这个条件存在，"取胜"才存在；同理，判断（3）中"两条直线的同位角相等"也是"两条直线平行"存在的条件。因此，这3个判断都是假言判断。

假言判断由前件、后件和假言连接词组成。所谓前件，就是假言判断中反映条件的肢判断。比如，上面3个判断中的"你病了""具备了天时、地利和人和"以及"两条直线的同位角相等"就是前件。所谓后件，就是假言判断中反映结果的、依赖该条件而存在的肢判断。比如，上面3个判断中的"不舒服""取胜"以及"两直线平行"就是后件。所谓假言连接词，就是联结前件和后件的词项。在逻辑学中，前件一般用 p 表示，后件一般用 q 表示。

根据反映条件关系的不同，假言判断可以分为充分条件假言判断、必要条件假言判断和充分必要条件（或充要条件）假言判断。

### 充分条件假言判断

#### 1. 充分条件假言判断的含义

充分条件假言判断就是断定某一事物情况（前件）是另一事物情况（后件）存在的充分条件的判断。简单地说，充分条件假言判断就是断定前件与后件之间具有充分条件关系的假言判断。比如：

（1）如果你病了（p），就会不舒服（q）。

（2）一旦河堤决口（p），后果就不堪设想（q）。

判断（1）中，只要前件"你病了"，后件"不舒服"就一定存在，也就是说"你病了"是"不舒服"的充分条件；判断（2）中，只要前件"河堤决口"存在，后件"后果不堪设想"就一定存在，也就是说"河堤决口"是"后果不堪设想"的充分条件。即：如果 p 存在，那么 q 一定存在。因此，这两个判断都是充分条件假言判断。

需要注意的，在充分条件假言判断中，前件 p 存在，后件 q 一定存在；但前件 p 不存在，后件 q 则并非一定不存在。比如，"你病了"存在，则"不舒服"一定存在；但如果"你病了"不存在，也就是说如果你没病，你也可能因其他原因"不舒服"。

2. 充分条件假言判断的逻辑形式

我们用 p 表示前件，用 q 表示后件，充分条件假言判断的逻辑形式可以表示为：如果 p，那么 q，即：$p \rightarrow q$。其中，"$\rightarrow$"是"蕴涵"的意思，读做 p 蕴涵 q。p 和 q 都是逻辑变项，"如果……那么……"为假言连接词，是逻辑常项。

在逻辑学中，表达充分条件假言判断的常用假言连接词（即逻辑常项）还有"如果……就……""倘若……就（便）……""一旦……就……""假如……就（便）……""若是……就……""只要……就……"等。

3. 充分条件假言判断的真假值

充分条件假言判断或真或假的性质就是充分条件假言判断的真假值，它可以分 4 种情况来分析。比如：

（1）如果温度下降（p），天气就会冷 (q)。

（2）倘若你睡着了（p），你便见不到他了 (q)。

若前件 p 为真，后件 q 也为真，则"$p \rightarrow q$"必为真。

判断（1）中，若前件 p"温度下降"为真，后件 q"天气会冷"也为真，则该假言判断符合实际情况，在逻辑上也必为真；判断

（2）中，若前件 p "你睡着了" 为真，后件 "你见不到他" 也为真，则 "p→q" 必为真。

若前件 p 为假，后件 q 也为假，则 "p→q" 必为真。

判断（1）中，若 p 为假，即 "温度不下降"，q 也为假，即 "天气不会冷"，该判断就是 "如果温度不下降，天气就不会冷"，是符合实际情况的，因此 "p→q" 必为真；运用同样的方法，也可得出判断（2）为真。

若前件 p 为真，后件 q 为假，则 "p→q" 必为假。

判断（1）中，若 p 为真，即 "温度下降"，q 为假，即 "天气不会冷"，该判断就是 "如果温度下降，天气就不会冷"，显然是不符合实际情况的，因此 "p→q" 必为假；运用同样的方法，也可得出判断（2）为假。再看下面一则故事：

吉姆打算驾车旅游，于是就去商店购买最新款的导航仪。

吉姆："老板，你们这导航仪会失灵吗？"

老板很肯定地说："不会的，我们卖出过很多导航仪，但从没人因为它失灵而来退货。"

吉姆又问："万一它失灵我找不到路了怎么办呢？"

老板很热情地说："您放心！如果真发生那样的事，您可以把它送回来调换。"

这则故事中，含有一个充分条件假言判断，即：

如果吉姆因导航仪失灵迷路，就可以把导航仪送回来调换。

在这个判断中，如果前件 "吉姆因导航仪失灵迷路" 为真，就不可能再找到去这个商店的路，也就没机会调换，因此后件 "可以把导航仪送回来调换" 就必为假，这个判断也就是假的了。

若前件 p 为假，后件 q 为真，则 "p→q" 必为真。

判断（1）中，若 p 为假，即 "温度不下降"，而 q 为真，即 "天气会冷"。因为造成天气冷的原因很多，未必一定是 "温度下降"，所以 p 的假并不影响 q 的真，因此仍符合实际情况，"p→q" 仍为真；判断（2）中，若 p 为假，即 "你没睡着"，而 q 为真，即"你见不到他"。因为"你见不到他"的可能性原因很多（比如你去别的地方因而错过了），"你没睡着"并不是唯一充分条件，因此它并不影响这个判断的成立，所以"p→q"仍为真。

根据上面的分析，我们可以总结出下面这个"充分条件假言判断真值表"：

| 前件（p） | 后件（q） | 如果 P，那么 q（p→q） |
| --- | --- | --- |
| 真 | 真 | 真 |
| 假 | 假 | 真 |
| 真 | 假 | 假 |
| 假 | 真 | 真 |

由此可知，当且仅当前件为真、后件为假时，充分条件假言判断才为假。

## 必要条件假言判断

### 必要条件假言判断的含义

必要条件假言判断就是断定某一事物情况（前件）是另一事物情况（后件）存在的必要条件的假言判断。简单地说，必要条件假言判断就是断定前件与后件具有必要条件关系的假言判断。比如：

（1）除非有足够的光照（p），否则花就不会开（q）。

（2）只有体检合格（p），才能参加高考（q）。

判断（1）中，断定"足够的光照"是"开花"的必要条件，判断（2）中断定"体检合格"是"参加高考"的必要条件，因此这两个判断都是必要条件假言判断。

在必要条件假言判断中，前件（p）存在，后件（q）则未必一定存在。比如，上面举的两个例子中，判断（1）中，只有 p（足够的光照），q（开花）未必一定实现；判断（2）中，只有 p（体检合格），q（参加高考）也未必一定实现。

同时，在必要条件假言判断中，前件（p）不存在，则后件（q）一定不存在。比如，上面举的两个例子中，判断（1）中，如果没有p（足够的光照），则q（开花）就不可能实现；判断（2）中，如果没有p（体检合格），q（参加高考）也不能实现。

由此可知，若p存在，则q不一定存在；若p不存在，则q必不存在。

清朝刘蓉的《习惯说》中曾记载：

蓉少时，读书养晦堂之西偏一室。俯而读，仰而思；思有弗得，辄起绕室以旋。室有洼，径尺，浸淫日广，每履之，足若踬焉。既久而遂安之。一日，父来室中，顾而笑曰："一室不治，何以天下家国为？"命童子取土平之。

这则故事中，"一室不治，何以天下家国为"即是一个必要条件假言判断，意为"只有先整理好一室，才能为家国天下服务"。著名的"一屋不扫，何以扫天下"也是一个必要条件假言判断，意为"只有先扫一屋，才能扫天下"。

**必要条件假言判断的逻辑形式**

我们用p表示前件，用q表示后件，必要条件假言判断的逻辑形式可以表示为：只有p，才q，即：$p \leftarrow q$。其中，"←"是"逆蕴涵"的意思，读做p逆蕴涵q。P和q都是逻辑变项，"只有……才……"为假言连接词，是逻辑常项。

在逻辑学中，表达必要条件假言判断的常用假言连接词（即逻辑常项）还有"没有……就没有……""除非……（否则）不""必须……才……""不……就不能……""不……何以……"等。

**必要条件假言判断的真假值**

必要条件假言判断或真或假的性质就是必要条件假言判断的真假值，它可以分4种情况来分析。比如：

（1）只有建立抗日民族统一战线（p），才能团结一切可以团结的力量（q）。

（2）不积小流（p），无以成江海（q）。

1.若前件p为真，后件q也为真，则"$p \leftarrow q$"必为真。

判断（1）中，前件（p）"建立抗日民族统一战线"是后件（q）"团结一切可以团结的力量"的必要条件，事实上如果"建立抗日民族统一战线"，确实可以"团结一切可以团结的力量"。因此，若p为真，q也为真，这个判断就符合实际情况，"p←q"就必为真；判断（2）中，如果能"积小流"，确实可以"成江海"。因此，若p为真，q也为真，这个判断就符合实际情况，"p←q"就必为真。

2.若前件p为假，后件q也为假，则"p←q"必为真。

判断（1）中，若p为假，即"不建立抗日民族同一战线"，q也为假，即"不能团结一切可以团结的力量"。那么，这个判断其实就是"如果不建立抗日民族同一战线，就不能团结一切可以团结的力量"。这也符合实际情况，因此"p←q"就必为真；同样，判断（2）换种表达就是"只有积小流，才能成江海"。那么，若p为假，即"不积小流"，若q也为假，即"不能成江海"，这个判断其实就是"只有不积小流，才能不成江海"，也符合实际情况，因此"p←q"就也为真。

3.若前件p为真，后件q为假，则"p←q"必为真。

判断（1）中，若p为真，即"建立抗日民族同一战线"，而q为假，即"不能团结一切可以团结的力量"。那么，这个判断其实就成为"即使建立抗日民族同一战线，也不一定能团结一切可以团结的力量"。这也与实际情况相合，因为"建立抗日民族同一战线"只是"团结一切可以团结的力量"的其中一个必要条件，而不是唯一条件，因此这个判断即"p←q"就也为真；判断（2）中，若p为真，q为假，这个判断就成为"即使积小流，也并一定能成江海"，这也符合实际情况，因为要成江海，除了"积小流"外，还需要其他地理、环境条件。因此，该判断即"p←q"就也为真。再看下面这个故事：

军官："你多大了？"

中年人："45岁了。"

军官："你年龄太大了，不能当兵了，回去吧。"

中年人："请问你多大了？"

军官："42 岁。"

中年人："嗯，好吧，那我就当军官好了。"

这则故事中，包含两个潜在的必要条件假言判断：

（1）只有年龄适合的人（p），才能当兵（q）。

（2）只有先当兵（p），才能当军官（q）。

如果 p 为真，q 为假，这两个判断可以这样表达：

（1）即使年龄适合的人，也不一定能当兵。

（2）即使先当兵了也不一定能当军官。

显然，这两个判断都是符合实际情况的，因此都为真。

4. 若前件 p 为假，后件 q 为真，则"p←q"必为假。

判断（1）中，若 p 为假，q 为真，该判断就是"只有不建立抗日民族同一战线，才能团结一切可以团结的力量"，这显然有违事实，所以"p←q"必为假；我们上面说过判断（2）换种表达就是"只有积小流，才能成江海"，那么，若 p 为假，q 为真，该判断其实就是"只有不积小流，才能成江海"，这显然也有违事实，所以"p←q"也必为假。

根据以上分析，我们可以总结出下面这个"必要条件假言判断真值表"：

| 前件（p） | 后件（q） | 只有P，才q（p←q） |
|---|---|---|
| 真 | 真 | 真 |
| 假 | 假 | 真 |
| 真 | 假 | 真 |
| 假 | 真 | 假 |

由此可知，当且仅当前件为假、后件为真时，必要条件假言判断才为假。

## 充分必要条件假言判断

### 充分必要条件假言判断的含义

充分必要条件假言判断，或者充要条件假言判断就是断定某一事物情况（前件）是另一事物情况（后件）存在的充分必要条件的假言判断。换言之，在充分必要条件假言判断中，前件既是后件的充分条件，又是后件的必要条件。比如：

（1）当且仅当前件为真、后件为假时（p），充分条件假言判断才为假（q）。

（2）当且仅当前件为假、后件为真时（p），必要条件假言判断才为假（q）。

这是我们在讨论充分条件假言判断和必要条件假言判断真假值时得出的两个结论。

判断(1)断定了只要符合"前件为真、后件为假"这个条件，"充分条件假言判断"必为"假"；如果不符合"前件为真、后件为假"这个条件，"充分条件假言判断"则必不为"假"。判断（2）断定了只要符合"前件为假、后件为真"，"必要条件假言判断"必为"假"；如果不符合"前件为假、后件为真"，"必要条件假言判断"则必不为"假"。也就是说，在这两个判断中，p既是q的充分条件，又是q的必要条件，因此这两个判断都是充分必要条件假言判断。

充分必要条件假言判断的重要特征就是当前件p存在时，后件q一定存在；当前件p不存在时，后件q一定不存在。以我们上面提到的判断（1）为例，只要这个判断的前件p"前件为真、后件为假"存在，后件q就一定存在；如果前件p"前件为真、后件为假"不存在，即"前件为真、后件为真"、"前件为假、后件为真"或者"前件为假、后件也为假"，那么后件则必不存在。因此，可以说，在充分必要条件假言判断中，只有且仅有前件这一个条件才能引起后件所表示的结果。

### 充分必要条件假言判断的逻辑形式

我们用p表示前件，用q表示后件，充分必要条件假言判断的逻辑形式可以表示为：当且仅当 p，才 q，即：p $\longleftrightarrow$ q。"$\longleftrightarrow$"意为"等值于"，读做 p 等值于 q。其中，作为前、后件的 p、q 是逻辑变项，假言联结词"当且仅当"为逻辑常项。

需要说明的是，"当且仅当"来自数学语言，现代汉语中并没有与之完全对等的一个词。因此只能用诸如"只要……则……，并且只有……，才……""只有并且仅有……才……""如果……那么……，并且如果不……那么就不……"之类的词项来充当假言连接词。

有一则流传甚广的关于佛印和苏东坡的故事：

一次，苏东坡和佛印骑马而游。

佛印对苏东坡说："你骑马姿势端庄，好像一尊佛。"

苏东坡却故意调笑："你身披黑色袈裟，好像一坨粪。"

佛印笑而不答，东坡自以为得计，很是高兴。回家后向妹妹说起此事，苏小妹叹道："哥哥你着相啦！如果你心中有佛，那么你眼中就有佛，如果你心中无佛，那么你眼中就无佛；如果你心中有粪，那么你眼中就有粪，如果你心中无粪，那么你眼中就无粪。"苏东坡听后大惭。

这则故事中，有两个充分必要条件假言判断：

（1）如果你心中有佛，那么你眼中就有佛，如果你心中无佛，那么你眼中就无佛。

（2）如果你心中有粪，那么你眼中就有粪，如果你心中无粪，那么你眼中就无粪。

判断（1）断定若"心中有佛"，则"眼中有佛"，若"心中无佛"，则"眼中无佛"，也就是说"心中有佛"是"眼中有佛"的充分必要条件；判断（2）断定若"心中有粪"，则"眼中有粪"，若"心中无粪"，则"眼中无粪"，那么，"心中有粪"也就是"眼中有粪"的充分必要条件。

在这两个充分必要条件假言判断中运用的假言连接词实际上就是"如果……那么……，如果不……那么就不……"。

### 充分必要条件假言判断的真假值

充分必要条件假言判断或真或假的性质就是充分必要条件假言判断的真假值，它可以分 4 种情况来分析。比如：

（1）当且仅当两条直线的同位角相等（p），则两直线平行（q）。

（2）当且仅当能被 2 整除（p）的数才是偶数（q）。

1. 若前件 p 为真，后件 q 也为真，则"p←→q"必为真。

在上面两个判断中，若前件 p 和后件 q 都为真，显然是符合实际情况的。因此，该充分必要条件假言判断即 p←→q 也必为真。

2. 若前件 p 为假，后件 q 也为假，则"p←→q"必为真。

判断（1）中，若 p 为假，即"两条直线的同位角不相等"，q 也为假，即"两直线不平行"。那么，这个判断就是"当且仅当两条直线的同位角不相等，则两直线不平行"，这符合实际情况，因此 p←→q 为真；判断（2）中，若 p 为假，即"不能被 2 整除"，q 也为假，即"不是偶数"。那么，这个判断就是"当且仅当不能被 2 整除的数不是偶数"，这显然也是符合实际情况的，因此 p←→q 也为真。

3. 若前件 p 为真，后件 q 为假，则"p←→q"必为假。

判断（1）中，若 p 为真，即"两条直线的同位角相等"，而 q 为假，即"两直线不平行"。那么，这个判断就是"当且仅当两条直线的同位角相等，则两直线不平行"，这显然不符合实际，因此 p←→q 为假；判断（2）中，若 p 为真，即"能被 2 整除"，而 q 为假，即"不是偶数"。那么，这个判断就是"当且仅当能被 2 整除的数不是偶数"，这显然也是不符合实际情况的，因此 p←→q 也为假。

4. 若前件 p 为假，后件 q 为真，则"p←→q"必为假。

判断（1）中，若 p 为假，即"两条直线的同位角不相等"，而 q 为真，即"两直线平行"。那么，这个判断就是"当且仅当两条直线的同位角不相等，则两直线平行"，这显然不符合实际，因此 p←→q 为假；判断（2）中，若 p 为假，即"不能被 2 整除"，而 q 为真，即"是偶数"。那么，这个判断就是"当且仅当不能被 2 整除的数是偶数"，这显然也是不符合实际情况的，因此 p ⟷ q 也为假。

根据以上分析，我们可以总结出下面这个"充分必要条件假言判断真值表"：

| 前件（p） | 后件（q） | 当且仅当P，才q（p⟷q） |
|---|---|---|
| 真 | 真 | 真 |
| 假 | 假 | 真 |
| 真 | 假 | 假 |
| 假 | 真 | 假 |

由此可知，当且仅当前件、后件取相同的逻辑值时，充分必要条件假言判断才为真。

## 逻辑蕴含的假言判断

### 正确认识 3 种假言判断

根据反映条件关系的不同，假言判断可以分为充分条件假言判断、必要条件假言判断和充分必要条件（或充要条件）假言判断。以上三节中，我们也分别对这 3 种假言判断作了分析。不过，在思维或日常运用过程中，经常会出现 3 种假言判断互相误用的情况。对此，我们应该格外重视，正确认识它们之间的联系与区别。

1. 正确认识各假言判断的逻辑性质

我们以 p 表示前件，以 q 表示后件，可以将 3 种假言判断的性质概括如下：

充分条件假言判断：p 存在时，q 必存在；p 不存在时，q 未必不存在。

必要条件假言判断：p 存在时，q 未必存在；p 不存在时，q 必不存在。

充分必要条件假言判断：p 存在时，q 必存在；p 不存在时，q 必不存在。

在有的逻辑学著作中，有人曾把这 3 种假言判断的逻辑性质概括为三句话，即：

充分条件假言判断：有之则必然，无之未必然。

必要条件假言判断：无之必不然，有之未必然。

充分必要条件假言判断：有之则必然，无之必不然。

鉴于各假言判断的逻辑性质，我们可以得出：充分必要条件假言判断的前件、后件可以互为条件，但充分条件假言判断和必要条件假言判断则不能。以我们前面提到的几个判断为例：

（1）一旦河堤决口（p），后果就不堪设想（q）。

（2）只有体检合格（p），才能参加高考（q）。

（3）当且仅当两条直线的同位角相等（p），则两直线平行（q）。

判断（1）、（2）分别为充分条件假言判断和必要条件假言判断，如果前件（p）和后件（q）互换，这两个判断就变为：

（1）一旦后果不堪设想，河堤就会决口。

（2）只有参加高考，才能体检合格。这不但与实际情况不符，甚至显得荒唐可笑了。

判断（3）为充分必要条件假言判断，如果前件（p）和后件（q）互换，该判断就变为：

"当且仅当两直线平行，则两条直线的同位角相等。"这与实际情况相符，因而也是正确的。

因此，$p \rightarrow q$ 不等值于 $q \rightarrow p$，$p \leftarrow q$ 也不等值于 $q \leftarrow p$，只有 $p \longleftrightarrow q$ 与 $q \longleftrightarrow p$ 等值。

2. 正确运用假言联结词

运用假言判断时，要特别注意假言联结词的选择。因为，不同的假言联结词一般代表着不同种类的假言判断，一旦误用，就可能混淆各种假言判断，从而造成思维、表达的混乱。比如：

（1）如果付出，就会有收获。

（2）只有付出，才会有收获。

（3）当且仅当付出了，才会有收获。

这3个假言判断依次为充分条件假言判断、必要条件假言判断和充分必要条件假言判断。判断（1）把"付出"当做"收获"的充分条件是不妥的，因为很多时候，付出了未必有收获，这是误把必要条件当做了充分条件。判断（3）把"付出"当做"收获"仅有的条件显然也是不妥的，因为要想有收获，除了"付出"，还可能需要天时、地利、人和等各种条件；况且即使有"收获"，也不意味着一定有"付出"，毕竟还有"不劳而获"的情况。因此，这是误把必要条件当做充分必要条件了，只有判断（2）才是正确的。

3. 正确认识假言判断的形式和内容

逻辑学研究的是各种判断形式，判断的具体内容则是其他各学科研究的对象。因此，就可能出现形式符合假言判断但内容不符合实际情况的判断。比如：

（1）如果杰克是欧洲人，那么杰克就是英国人。

（2）只有华佗再生，你才能得救。

这两个判断从形式上都是假言判断，但在内容上显然是不成立的。因此，我们在运用假言判断进行思维时，要注意判断形式和内容的区别。

**逻辑蕴含的假言判断**

在一些历史故事中，甚至在日常生活中，我们经常看到蕴含假言判断的精彩事例，甚至我们自己也曾经使用过假言判断，只是没有意识到罢了。现在我们来看几个蕴含假言判断的事例，以了解假言判断的特征和作用，从而更深入地认识、运用假言判断。

1. 蕴含充分条件假言判断的逻辑运用

网上曾经盛传这么一段话：

我用心祈祷，神终于感动了。神问我：你有什么愿望？我说：我要我的亲人和朋友一生幸福！神说：可以，只能7天。我说：好，星期一到星期七。神说：不行，只能4天。我说：好，春天、夏天、秋天、冬天。神说：不行，只能3天。我说：好，昨天、今天、明天。神说：不行，只能两天。我说：好，白天、黑天。神说：不行，只能一天。我说：好，在我生命中每一天。最后，神哭了……

通过这段话，我们首先可以得到这几个结论：

如果我的亲人和朋友有7天幸福的时间，那么这7天就是星期一到星期七；如果我的亲人和朋友有 4 天幸福的时间，那么这四天就是春天、夏天、秋天和冬天；如果我的亲人和朋友有 3 天幸福的时间，那么这 3 天就是昨天、今天和明天；如果我的亲人和朋友有两天幸福的时间，那么这两天就是白天和黑天；如果我的亲人和朋友有一天幸福的时间，那么这一天就是我生命中的每一天。

再对这个结论进行总结，这段话中"我"其实只向"神"表达了一个意思，即：

如果有你要求的那几天，就有我提出的这几天。

换言之，这句话就是：如果你要求的那几天存在，那我提出的这几天就存在；如果你要求的那几天不存在，我提出的这几天也未必不存在。很显然，"你要求的那几天"是"我提出的这几天"的充分条件，这个判断是充分条件的假言判断。这便是因蕴含假言判断这个逻辑形式而具有奇妙效果的实际运用。

2. 蕴含必要条件假言判断的逻辑运用

歌曲《真心英雄》中，有这么几句歌词：

把握生命里的每一分钟
全力以赴我们心中的梦
不经历风雨怎么见彩虹
没有人能随随便便成功

这段歌词中，蕴含着两个假言判断，即：
（1）只有经历风雨，才能见彩虹。
（2）只有经历风雨，才能成功。

这两个判断都断定"不经历风雨"肯定不能"见彩虹"或"成功"，但是也暗含着即便"经历风雨"，也未必就一定能"见彩虹"或"成功"。也就是说，"经历风雨"是"见彩虹"或"成功"的必要条件，这是两个必要条件假言判断。

3. 蕴含充分必要条件假言判断的逻辑运用

总之，正确认识并熟练运用各种假言判断，既有利于我们进行思维活动和日常表达的准确性，也是以后进行假言推理的基础。

# 第四章　演绎推理思维

## 什么是推理

《淮南子》中有言曰："尝一脔肉，知一镬之味；悬羽与炭，而知燥湿之气；以小明大。见一叶落，而知岁之将暮；睹瓶中之冰，而知天下之寒；以近论远。"这几句话其实就是一种简单的推理：由一块肉的味道推知一锅肉的味道；由悬挂的羽和炭而推知空气是干燥还是潮湿；由树叶飘落而推知这一年就快结束了；由瓶子里结的冰而推知天气已经寒冷了。与此类似的"以小明大，以近论远"的见解不但在古籍中常见，在日常生活中也时常出现，比如你听见狗吠可能就会推知有路人经过，等等。这其实都是在自觉不自觉地进行推理。推理于逻辑学而言，更是一种重要的思维方法。那么，究竟什么是推理呢？

### 推理的含义与结构

#### 1. 推理的含义

在逻辑学中，推理就是由一个或几个已知判断推出新判断的一种思维形式。推理依据的是现有知识或已知判断，得出的是一个新的结论。事实上，推理的进行正是运用了事物之间多种多样的联系，因为新的事物不会凭空而出，它一定来源于现有事物；现有事物也不会静止不动，它必然会发展为新事物。而推理就是抓住这种联系积极地、主动地促成新事物、新观念、新判断的产生。比如：

（1）现在大学生找工作难，

所以，有些大学生没找到工作。

（2）张林喜欢所有的喜剧电影，

《加菲猫》是喜剧电影，_____

所以，张林喜欢《加菲猫》。

（3）北方方言以北京话为代表，

吴方言以苏州话为代表，

湘方言以长沙话为代表，

赣方言以南昌话为代表，

客家方言以广东梅县话为代表，

闽方言以福州话、厦门话等为代表，

粤方言以广州话为代表，_____

所以，各方言区人民都有自己的代表方言。

上面3个例子中，例（1）根据一个已知判断推出了一个新判断，例（2）根据两个已知判断推出了一个新判断，例（3）根据7个已知判断推出了一个新判断。它们都是由已知的判断推出未知的新判断，因而都是推理。

2. 推理的结构

推理都是由前提和结论组成的。

推理的前提是进行推理时所依据的已知判断，它是进行推理的根据。比如上面3个推理中，推理（1）的前提是"现在大学生找工作难"；推理（2）的前提是"张林喜欢喜剧电影，《加菲猫》是喜剧电影"；推理（3）的前提是"北方方言以北京话为代表，吴方言以苏州话为代表"等7个已知判断。一般认为，"所以"前面的判断就是推理的前提。

通常，推理的前提中会使用诸如"由于""因为""根据""依据""出于""鉴于"之类的词项。

推理的结论是进行推理后由已知判断推导出的新判断，它是进行推理的目的。比如上面3个推理中，推理（1）的结论是"有些大学生没找到工作"；推理（2）的结论是"张林喜欢《加菲猫》"；推理（3）的结论是"各方言区人民都有自己的代表方言"。一般认为，"所以"后面的判断就是推理的结论。

通常，推理的结论中会使用诸如"所以""因此""总之""由此可见"之类的词项。

一般情况下，推理的前提都是在结论之前的。不过，有时候也会把结论放在前面，而把前提放在后面。比如："他这次考试又拿了第一，因为他学习总是很勤奋。"

### 推理的作用

《吕氏春秋·察今》中说："有道之士，贵以近知远，以今知古，以所见知所不见。"《史记·高祖本纪》中说："运筹帷幄之中，决胜千里之外。"事实上，这些都是讲高明的人可以根据已知情况进行推理，从而预料未知情况。他们虽不是逻辑学家，但却极为娴熟、精妙地运用了逻辑推理。可见，推理在人们认识并判断事物中有着极为重要的作用。

第一，推理是人们根据已知事物认识未知事物、根据已知知识获得未知知识的重要方法。认识未知事物、获取未知知识是人类文明进步的必要条件，也是人们对客观世界深入了解、探究的基础。

首先，推理可以使人们由对事物的个别、特殊的认识概括、总结、推导出一般性、普遍性的认识。在逻辑学中，这被称为归纳推理。在欧几里得以前，古希腊虽然已经出现了一些为人们所公认的几何知识，但都是零散的、个别的，并没有形成完整的体系。欧几里得把这些为人们所公认的几何知识作为定义和公理，并在此基础上研究图形的性质，推导出了一系列定理，组成演绎体系，写出《几何原本》，第一次完成了人类对空间的认识。《几何原本》也成为西方世界仅次于《圣经》而流传最广的书籍。

其次，推理可以使人们由对事物的一般性、普遍性的认识推导出个别的、特殊的认识。在逻辑学中，这被称为演绎推理。19世纪，俄国著名化学家门捷列夫根据他发现的具有普遍指导意义的元素周期律编制了第一个元素周期表。在这个元素周期表中，他不但把已经发现的63种元素全部列入表里，初步完成了元素系统化的任务，而且还在表中留下空位，预言了类似硼、铝、硅的未知元素的存在。多年后，他的这些预言都被人们完全证实了。这可以说是根据已知一般性认识推导出个别认识的经典案例。当然，人们也可以根据逻辑学中的类比推理，从对某些事物个别的、具体认识推导出另一些个别的、特殊的认识。比如，警方在进行破案时，通过模拟现场的方案来推测案发时的情况就是运用的类比推理。

第二，推理是人们根据现有情况对未知情况进行正确判断的手段。《史记》中曾记载这么一个故事：

> 春秋时期，鲁国的宰相公仪休非常喜欢吃鱼，几乎达到了无鱼不食、无鱼不欢的地步。于是，许多前来求他办事的人便纷纷奉上花尽心思得来的好鱼、奇鱼，以求得他的欢心。但是，公仪休对这些送上门来的鱼却一概不纳。客卿们都很不解，问他既然喜欢吃鱼，为什么不收下呢。公仪休叹息道："正是因为我喜欢吃鱼，所以才不能收啊！首先，我身为宰相，完全有能力自己买鱼吃，是以不必接受他人的鱼。其次，如果我接受了他们的鱼，就要替他们办事，那我就有可能因此而获罪，并因此被免职。第三，在我失去宰相的职务后，我就没有了俸禄，就没有能力买鱼，也就吃不上鱼了。"

这个故事里，公仪休就是通过运用推理对是否接受别人献的鱼做出了正确的判断。

第三，推理是人们对各种思想、观点进行论证或反驳的重要方法。不管是要论证某种思想、观点的正确性，还是反驳它们的错误，推理无疑都是一种行之有效的方法。上面"公仪休拒鱼"时运用的推理，就是一个很好的例子。他既用这一推理论证了"拒鱼"的正确性，同时也是对"收鱼"这一错误思想的反驳。

当然，在我们进行推理的时候，需要根据实际情况选择适当的推理方法，同时还要遵循一定的推理规则，这样才能保证推理的正确性和有效性。

## 推理的种类

### 推理的种类

在进行推理时，推理的前提的不同、推理的前提与结论关系的不同或者推理角度等的不同，推理的种类也不同。也就是说，推理可以根据各种不同的标准进行分类。

1. 直接推理和间接推理

这是根据推理中的前提是一个还是多个而进行分类的。

直接推理

以一个判断为前提推出结论的推理就是直接推理。比如：

（1）诸葛亮是智慧的化身，　（2）商品是用来交换的劳动产品，
　　　所以，诸葛亮是有智慧的。　　所以，有些劳动产品是商品。

上面两个推理都是由一个判断出发推出结论的，所以都是直接推理。

间接推理

以两个或两个以上的判断为前提推出结论的推理就是间接推理。比如：

（1）物理学是研究物质结构、物质相互作用和运动规律的自然科学，

　　　力学是研究物体的机械运动和平衡规律的，

　　　所以，力学属于物理学范畴。

（2）论点是议论文的要素之一，

　　　论据是议论文的要素之一，

　　　论证也是议论文的要素之一，

　　　所以，议论文包括论点、论据和论证 3 个要素。

上面两个推理中，推理（1）是由两个判断推出的结论，推理（2）是由 3 个判断推出的结论，所以它们都是间接推理。

2. 简单判断推理和复合判断推理

这是根据推理中前提繁简的不同而进行分类的。

简单判断推理

以简单判断为前提推出结论的推理就是简单判断推理。根据简单判断种类的不同，简单判断推理又可以分为直言判断的直接推理、直言判断的变形直接推理、三段论推理和关系推理等，比如：

（1）花是被子植物的生殖器官，

　　　菊花是花，

　　　所以，菊花是被子植物的生殖器官。

（2）菱形是四边形的一种，

正方形是菱形的一种，

所以，正方形是四边形的一种。

上面两个推理的前提都是简单判断，所以都属于简单判断推理。其中，推理（1）是三段论推理，推理（2）是关系推理。

复合判断推理

以复合判断为前提推出结论的推理就是复合判断推理。根据复合判断种类的不同，复合判断推理又可以分为联言推理、假言推理、选言推理和二难推理等。比如：

（1）李蒙的数学考试不及格，或者是因为考试时状态不佳，或者是因为平时不用功，

李蒙的数学不及格不是因为考试时状态不佳，

所以，李蒙的数学不及格是因为平时不用功。

（2）如果这个剧本好，他就会参演，

这个剧本好，

所以，他会参演。

上面两个推理的前提都是复合判断，所以他们都是复合判断推理。其中，推理（1）是选言推理，推理（2）是假言推理。

3. 演绎推理、归纳推理和类比推理

这是根据推理中从前提到结论思维活动进程的不同而进行分类的。

演绎推理

从一般性、普遍性认识推出个别性、特殊性认识的推理就是演绎推理。比如上节中我们提到的例子：

张林喜欢所有的喜剧电影，

《加菲猫》是喜剧电影，

所以，张林喜欢《加菲猫》。

这个推理中，"张林喜欢所有的喜剧电影"是一般性前提，"《加菲猫》是喜剧电影"是个别性认识。根据这两个前提推出"张林喜欢《加菲猫》"这一个别性认识。

归纳推理

从个别性、特殊性认识推出一般性、普遍性认识的推理就是

归纳推理。比如上节中我们提到的例子：

　　北方方言以北京话为代表，

　　吴方言以苏州话为代表，

　　湘方言以长沙话为代表，

　　赣方言以南昌话为代表，

　　客家方言以广东梅县话为代表，

　　闽方言以福州话、厦门话等为代表，

　　粤方言以广州话为代表，

　　所以，各方言区人民都有自己的代表方言。

上面这个推理从"北方方言以北京话为代表"等 7 个个别的、特殊的认识推出"各方言区人民都有自己的代表方言"这个一般性、普遍性认识，所以是归纳推理。

　　类比推理

从个别性、特殊性认识推出个别性、特殊性认识或从一般性、普遍性认识推出一般性、普遍性认识的推理就是类比推理。比如：

　　菱形有一组邻边相等，对角线互相垂直且平分，

　　正方形也有一组邻边相等，

　　所以，正方形的对角线也互相垂直且平分。

上面这个推理就是通过菱形与正方形的类比而推出结论的，所以是类比推理。

　　4. 必然性推理和或然性推理

这是根据推理中的前提是否蕴涵结论而进行分类的。

　　必然性推理

推理的前提蕴涵结论的推理就是必然性推理。因为前提和结论的蕴涵关系，所以必然能从前提中推出相应的结论。换言之，若前提为真，则结论也必为真。比如，间接推理中的例（1）、简单判断推理中的两个例子等都是必然性推理。

　　或然性推理

推理的前提不蕴涵结论的推理就是或然性推理。因为前提不蕴涵结论，那么就意味着结论并非必然是从前提中推出的。换言之，若前提为真，则结论真假不定。比如，归纳推理中关于"方言"

的例子就是或然性推理。

5. 模态推理和非模态推理

这是根据推理中是否包含模态判断而进行分类的。推理中包含模态判断的推理就是模态推理，推理中不包含模态判断的推理就是非模态推理。

**有效运用推理**

1. 正确认识推理

要想在思维过程中有效运用推理，就要先正确认识推理。

第一，推理的前提和结论间具有推断关系的才是推理，也就是说，结论必须是由推理推出来的，否则就不是推理。比如：

动物分为脊椎动物和无脊椎动物，

所以，猫是猫科动物。

上面这个"推理"中，前提和结论并无关联，只是两个独立的判断，虽然符合推理形式，但也并非推理。

第二，推理都是人脑对客观世界的反映，是人们实践经验的总结，所以推理应该符合客观规律，不能主观臆断。比如：

美国是世界上最发达的国家，

美国是资本主义制度的代表，

所以，资本主义是最先进的社会制度。

上面这个推理的结论虽然是由前提推出的，但却并不符合客观规律，所以这个推理只是主观臆断的。

2. 有效推理的条件

要保证推理的有效性并进行正确推理，就必须满足两个条件。

推理的形式正确

推理形式包括推理的外在形式和逻辑规律和规则两个方面。其外在形式就如我们在上面举出的各个推理实例，它们都符合推理的外在形式。逻辑规律和规则是指在进行推理过程中必须遵守的各种逻辑规律和规则。如果只符合推理的外在形式，却不符合一定的逻辑规律和规则，那么得出的结论就必定是错误的。在上面"正确认识推理"中举的两个例子就是如此。

推理的前提必须真实

推理的前提真实是指推理时所依据的各个判断必须真实、客观地反映客观存在，而不能任意凭主观臆造。比如：

所有的花都是红色的，

梨花是花，

所以，梨花是红色的。

这个推理形式的外在形式正确，推理时也遵守了逻辑规律和规则，但得出的结论却是错的。这是因为推理的大前提，即"所有的花都是红色的"本身就是一个假判断，由此所推出的结论自然是假的。

同时，这两个条件也可以作为我们判定推理是否有效的依据。只有满足这两个条件的推理才是有效的，否则就是无效的。此外，如果一个推理的结论的范围超出了所依据的前提的范围，那么，这个结论就没有蕴涵在前提中，这个推理就是或然性推理。这就表示，即便所有前提都为真，这个结论也未必为真。

## 直言判断的直接推理

### 直言判断的直接推理的含义

我们上节讲过，简单判断推理就是以简单判断为前提推出结论的推理；直接推理就是以一个判断为前提推出结论的推理。直言判断是简单判断的一种，那么直言判断的直接推理也就是简单判断推理的一种。因此，直言判断的直接推理兼有简单判断推理和直接推理的特征。由此可知，直言判断的直接推理就是以一个直言判断为前提推出一个新的直言判断的推理。因为直言判断又叫性质判断，所以直言判断的直接推理又可称为性质判断的直接推理。比如：

（1）有的花是草本花卉，

　　所以，并非所有的花都是草本花卉。

（2）人是能够制造和使用工具的动物，

　　所以，并非有人不能制造和使用工具。

根据直言判断的直接推理的含义以及上面的例子，我们可以总结出直言判断的直接推理的几个特点：

第一，推理遵循了直言判断的逻辑规律和性质。关于这点我们将在下面的篇幅里详细讨论。

第二，前提是一个且只有一个直言判断。比如例（1）的前提只有一个直言判断"有的花是草本花卉"，例（2）的前提也只有一个直言判断"人是能够制造和使用工具的动物"。

第三，结论也是直言判断。比如例（1）的结论是直言判断"并非所有的花都是草本花卉"，例（2）的结论是直言判断"并非有人不能制造和使用工具"。

### 对当关系直接推理

对当关系就是指 A、E、I、O 4 种直言判断之间的真假关系，那么，对当关系直接推理就是根据 A、E、I、O 4 种直言判断之间的真假关系进行的推理过程。在进行对当关系直接推理时，要注意两个方面的问题：

第一，因为直言判断的对当关系是在同一素材即各判断的主项和谓项相同的情况下进行的，所以，对当关系直接推理也应该是在同一素材中进行的。

第二，进行对当关系直接推理时，要在具有必然关系的判断之间进行，依据它们之间的真假制约关系而推理。也就是说，可以从一个真判断推出一个假判断，也可以从一个假判断推出一个真判断；或者从一个真判断推出另一个真判断，从一个假判断推出另一个假判断。但是若所推出的另一个判断真假不定，那么就不能进行对当关系直接推理。

#### 1. 反对关系直接推理

反对关系直接推理就是在具有反对关系的直言判断之间进行的推理。在直言判断的对当关系中，A 判断和 E 判断具有反对关系。根据反对关系的逻辑性质可知，其中一个判断为真时，另一个必为假；其中一个为假时，另一个却真假不定。所以，我们可进行如下推理：

由 SAP（真）推出 SEP（假）或由 SEP（真）推出 SAP（假）。即：

（1）所有 S 都是 P，　　　　（2）所有 S 都不是 P，

所以，并非所有 S 都不是 P。　　所以，并非所有 S 都是 P。

由上述推理公式可得出：SAP → ¬SEP，SEP → ¬SAP

2. 从属关系直接推理

从属关系直接推理就是在具有从属关系的直言判断之间进行的推理。因为从属关系也叫等差关系，所以从属关系直接推理也叫等差关系直接推理。在直言判断的对当关系中，A 判断和 I 判断之间、E 判断与 O 判断之间具有从属关系。根据从属关系的逻辑性质可知，A 真则 I 真，I 假则 A 假，当 A 假或 I 真时，另一个真假不定；同样，E 真则 O 真，O 假则 E 假，当 E 假或 O 真时，另一个真假不定。所以，我们可进行如下推理：

由 SAP（真）推出 SIP（真）或由 SIP（假）推出 SAP（假）。即：

（1）所有 S 都是 P，　　　（2）并非有些 S 是 P，
所以，有些 S 是 P。　　　所以，并非所有 S 都是 P。

由上述推理公式可得出：SAP → SIP，¬SIP → ¬SAP

由 SEP（真）推出 SOP（真）或由 SOP（假）推出 SOP（假）。即：

（1）所有 S 都不是 P，　　　（2）并非有些 S 不是 P，
所以，有些 S 不是 P。　　　所以，并非所有 S 都不是 P。

由上述推理公式可得出：SEP → SOP，¬SOP → ¬SEP

3. 矛盾关系直接推理

矛盾关系直接推理就是在具有矛盾关系的直言判断之间进行的推理。在直言判断的对当关系中，A 判断和 O 判断之间、E 判断与 I 判断之间具有矛盾关系。根据矛盾关系的逻辑性质可知，具有矛盾关系的直言判断不能同真，也不能同假，即其中一个判断为真时，另一个必为假；其中一个为假时，另一个必为真。所以，我们可进行如下推理：

由 SAP（真）推出 SOP（假），或由 SAP（假）推出 SOP（真）；由 SOP（真）推出 SAP（假，）或由 SOP（假）推出 SAP（真）。即：

（1）所有 S 都是 P，　　　（2）并非所有 S 都是 P，
所以，并非有些 S 不是 P。　　　所以，有些 S 不是 P。

（3）有些 S 不是 P，　　　（4）并非有些 S 不是 P，
所以，并非所有 S 都是 P。　　　所以，所有 S 都是 P。

由上述推理公式可得出：SAP → ¬SOP，¬SAP → SOP，

SOP → ¬SAP, ¬SOP → SAP

由 SEP（真）推出 SIP（假），或由 SEP（假）推出 SIP（真）；由 SIP（真）推出 SEP（假，）或由 SIP（假）推出 SEP（真）。即：

（1）所有 S 都不是 P，　　　　（2）并非所有 S 都不是 P，

　　　所以，并非有些 S 是 P。　　　　所以，有些 S 是 P。

（3）有些 S 是 P，　　　　　　（4）并非有些 S 是 P，

　　　所以，并非所有 S 都不是 P。　　所以，所有 S 都不是 P。

由上述推理公式可得出：SEP → ¬SIP，¬SEP → SIP，SIP → ¬SEP，¬SIP → SEP

4. 下反对关系直接推理

下反对关系直接推理就是在具有下反对关系的直言判断之间进行的推理。在直言判断的对当关系中，I 判断和 O 判断具有下反对关系。根据下反对关系的逻辑性质可知，其中一个判断为真时，另一个真假不定；其中一个为假时，另一个则必为真。所以，我们可进行如下推理：

由 SIP（假）推出 SOP（真）或由 SOP（假）推出 SIP（真）。即：

（1）并非有些 S 是 P，　　　　（2）并非有些 S 不是 P，

　　　所以，有些 S 不是 P。　　　　所以，有些 S 是 P。

由上述推理公式可得出：¬SIP → SOP，¬SOP → SIP

需要指出的是，我们在前面讲过，在直言判断中，有时候主项 S 或谓项 P 可以省略，即主项或谓项可能为空。但在进行对当关系推理时，要想保证推理的有效性，则主项 S 一定不能为空。

**附性法直接推理**

1. 附性法直接推理的含义

"附性法"，顾名思义，就是在某一事物对象上附加某一成分的方法。附性法直接推理就是指通过在前提（即原判断）的主、谓项上附加同一成分而得到一个新的结论（即新的直言判断）的直接推理。比如：

（1）小轿车是车，

　　　所以，红色的小轿车是红色的车。

（2）小轿车是车，

所以，小轿车灯是车灯。

推理（1）是在前提的主、谓项前分别附加了性质概念"红色的"，从而得到了一个新的结论；推理（2）是在前提的主、谓项后分别附加了实体概念"灯"，从而得到了一个新的结论。所以，这两个推理都是附性法直接推理。

2. 附性法直接推理的规则

在进行附性法直接推理时，要遵循两个规则：

第一，附加成分后所得结论的主、谓项之间的关系必须和附加成分前的主、谓项之间的关系保持一致。比如上面的两个推理中，附加成分前主、谓项之间的关系是种属关系，即前项（小轿车）真包含于谓项（车）；附加成分后，所得结论的主、谓项之间也是种属关系，即"红色的小轿车"真包含于"红色的车""小轿车灯"真包含于"车灯"。

如果违背了这个规则，就会得到错误的结论。比如：

大熊猫是动物，

所以，小大熊猫是小动物。

这个推理中，前提的主、谓项之间是相容关系，即"大熊猫"真包含于"动物"；附加成分后，结论的主、谓项则是不相容关系，因为"小动物"是指家庭饲养的猫、狗之类的动物，而"大熊猫"则属于大型动物，"小大熊猫"是年幼时的"大熊猫"，它年龄再小也是大型动物。所以，该推理是错误推理。

第二，附加成分后所得结论的主、谓项概念不能有歧义。比如：

科学家是人，

所以，计算机科学家是计算机人。

这个推理中，前提的主项（科学家）与谓项（人）不会发生歧义，但是附加"计算机"这个成分后，结论的主项"计算机科学家"是指研究或运用计算机的科学家，"计算机"是研究或运用的对象；而谓项中的"计算机人"则是指用计算机来控制的一种智能产品。附加成分"计算机"在这里就产生歧义了。所以，该推理也是错误的。

3. 附性法直接推理的种类和逻辑形式

附性法直接推理可分为前附式直接推理和后附式直接推理。

前附式直接推理是指在前提（即原判断）的主、谓项前附加同一成分而得到一个新的结论的直接推理，也可叫前加式直接推理。比如我们上面举的例子"小轿车是车，红色的小轿车是红色的车"就是前附式直接推理。其逻辑形式为：

S 是（不是）P → QS 是（不是）QP，其中 Q 表示前附加成分。

后附式直接推理是在前提（即原判断）的主、谓项后附加同一成分而得到一个新的结论的直接推理，也可叫后加式直接推理。比如我们上面举的例子"小轿车是车，所以小轿车灯是车灯"就是后附式直接推理。其逻辑形式为：

S 是（不是）P → SR 是（不是）PR，其中 R 表示后附加成分。

## 直言判断的变形直接推理

上节我们分析了对当关系直接推理和附性法直接推理，这节我们来讨论一下直言判断的直接推理的另一种推理方法：直言判断的变形直接推理。

顾名思义，直言判断的变形直接推理就是通过改变直言判断的形式来进行的推理。更确切地说，所谓直言判断的变形直接推理就是通过改变前提（即直言判断）的形式而得出结论（即新的直言判断）的直接推理。它主要包括换质法直接推理、换位法直接推理和换质位法直接推理 3 种形式。同样，在使用直言判断的变形直接推理时，也要在同一素材中进行。

### 换质法直接推理

1. 换质法直接推理的含义

换质法直接推理就是通过改变前提（即直言判断）的"质"而得到结论（即新的直言判断）的直接推理。所谓"质"，就是在直言判断中，联项所表示的主项和谓项之间的关系。因为联项有"是"与"不是"两个，所以它也就可以表示两种关系，即肯定判断和否定判断。因此，所谓换质法就是将肯定的推理前提变为否定的推理前提或将否定的推理前提变为肯定的推理前提。

在进行换质法直接推理时，我们要遵循两条规则：一是要改变前提（即原判断）的联项。换"质"是指换联项，即可以将否定联项改为肯定联项，也可以将肯定联项改为否定联项。二是不得改变主、谓项的位置和量项的范围。

2.A、E、I、O的换质法直接推理

A判断（即SAP）的换质法直接推理

A判断（即SAP）的换质法直接推理就是改变A判断的"质"（即联项）而得出一个新的直言判断的直接推理。即：

所有S都是P，

所以，所有S都不是非P。

如果用"$\overline{P}$"表示非P，根据上述推理公式可得出：$SAP \rightarrow SE\overline{P}$。比如：

所有的商品都是劳动产品→所有的商品都不是非劳动产品

E判断（即SEP）的换质法直接推理

E判断（即SEP）的换质法直接推理就是改变E判断的"质"（即联项）而得出一个新的直言判断的直接推理。即：

所有S都不是P，

所以，所有S都是非P。

根据上述推理公式可得出：$SEP \rightarrow SA\overline{P}$。比如：

所有的成功都不是容易的→所有的成功都是不容易的

I判断（即SIP）的换质法直接推理

I判断（即SIP）的换质法直接推理就是改变I判断的"质"（即联项）而得出一个新的直言判断的直接推理。即：

有些S是P，

所以，有些S不是非P。

根据上述推理公式可得出：$SIP \rightarrow SO\overline{P}$。比如：

有些大学生是有电脑的→有些大学生不是没有电脑的

O判断（即SOP）的换质法直接推理

O判断（即SOP）的换质法直接推理就是改变O判断的"质"（即联项）而得出一个新的直言判断的直接推理。即：

有些S不是P，

所以，有些S是非P。

根据上述推理公式可得出：$SOP \rightarrow SI\overline{P}$。比如：

有些荷花不是红色的→有些荷花是非红色的

换质法直接推理实际上是用肯定和否定两种不同的方法来表达同一个意思，它可以增强语言表达的灵活性，并丰富语言内容，为人们的思维和表达提供更多的选择。

**换位法直接推理**

1. 换位法直接推理的含义

换位法直接推理是通过改变前提（即直言判断）的主项和谓项的位置而得到结论（即新的直言判断）的直接推理。也就是说，在进行推理时，将前提的主项放在谓项的位置、将谓项放在主项的位置，从而得到一个新的结论。

在进行换位法直接推理时，我们也要遵循两条规则：一是不改变前提的性质（即联项），也就是说前提是肯定判断的换位后也须是肯定判断，前提是否定判断的换位后也须是否定判断。二是在前提中不周延的主、谓项换位后也要不周延。因为主、谓项在不同的直言判断中的周延性情况不同，而一旦在换位后原来不周延的主项或谓项周延了，就会导致推理的无效。因此，在换位法直接推理中，应保证推理的前提（即原判断）中原来不周延的主、谓项换位后也不周延。关于这点，我们可以根据在"直言判断的主、谓项周延性问题"一节中得到的结论来加以掌握，即：

| 直言判断的种类 | 逻辑形式 | 主项（S） | 谓项（P） |
|---|---|---|---|
| 全称肯定判断（A） | SAP | 周延 | 不周延 |
| 全称否定判断（E） | SEP | 周延 | 周延 |
| 特称肯定判断（I） | SIP | 不周延 | 不周延 |
| 特称否定判断（O） | SOP | 不周延 | 周延 |

从这个表格中我们可以清楚地知道直言判断中主、谓项的周延情况：E判断和I判断主、谓项换位后周延情况不发生改变，所以可以进行换位推理；A判断中谓项P原来不周延，换位后就周延了，因此要采用限量（即限制量项）的方法来保证A判断换

位推理的有效性；而 O 判断主、谓项换位后，都会由不周延变得周延，因而不能进行换位推理。

2.A、E、I、O 的换位法直接推理

A 判断（即 SAP）的换位法直接推理

A 判断（即 SAP）的换位法直接推理就是改变 A 判断的主、谓项而得出一个新的直言判断的直接推理。即：

所有 S 都是 P，_____

所以，有的 P 是 S。

在结论中把量项"所有"换为"有的"即是通过限量来保证 A 判断换位推理的有效性。根据上述推理公式可得出：SAP→PIS。比如：

所有的人都是动物→有的动物是人

E 判断（即 SEP）的换位法直接推理

E 判断（即 SEP）的换位法直接推理就是改变 E 判断的主、谓项而得出一个新的直言判断的直接推理。即：

所有的 S 都不是 P，_____

所以，所有的 P 都不是 S。

根据上述推理公式可得出：SEP→PES。比如：

任何直角三角形都不是钝角三角形→任何钝角三角形都不是直角三角形

I 判断（即 SIP）的换位法直接推理

I 判断（即 SIP）的换位法直接推理就是改变 I 判断的主、谓项而得出一个新的直言判断的直接推理。即：

有些 S 是 P，_____

所以，有些 P 是 S。

根据上述推理公式可得出：SIP→PIS。比如：

有些电影是喜剧电影→有些喜剧电影是电影。

换位法直接推理可以揭示并明确主、谓项的外延情况，避免在实际情况中因为主、谓项外延的变化而出现错误。看《伊索寓言》中的一则故事：

有一只调皮的狗，经常偷吃人们的鸡蛋。时间一长，它就发现原来一切鸡蛋都是圆的。一天，它看到一个海螺，圆圆的好像鸡蛋，不禁垂涎欲滴，一口把它吞了下去。不久，它的肚子就疼起来了，直在地上打滚，它很后悔："唉，我真不该把一切圆的都当成鸡蛋啊！"

这个故事中，"发现原来一切鸡蛋都是圆的"实际上就是认为"一切鸡蛋都是圆的"，而"把一切圆的都当成鸡蛋"实际上就是认为"一切圆的都是鸡蛋"。从"一切鸡蛋都是圆的"到"一切圆的都是鸡蛋"是一个 A 判断的换位法直接推理。即：

一切鸡蛋（S）都是圆的（P），
_____

所以，一切圆的（P）都是鸡蛋（S）。

在这个推理中，谓项"圆的"在原判断中是不周延的，但在换位后得到的结论中却是"周延"的，违背了换位法直接推理的规则，从而得出了"一切圆的都是鸡蛋"的错误结论。正确的推理应该是换位后限制谓项"圆的"量项，即"有的圆的是鸡蛋"。

**换质位法直接推理**

所谓换质位法直接推理就是通过改变前提（即原判断）的质和位而得出新的结论（即新的直言判断）的直接推理。它实际上进行了两次变换，因此比之于前两种变形直接推理方法都要复杂。

根据是先改变质和位的先后，换质位法直接推理又分为换质位法直接推理和换位质法直接推理。不管是先改变质还是先改变位，都必须遵循换质法直接推理和换位法直接推理的规则。

1. 换质位法直接推理

换质位法直接推理就是先改变前提（即原判断）的质，然后再改变换质得到结论的位（即主、谓项）而得出新的结论（即新的直言判断）的直接推理。

在对 A、E、I、O 4 种直言判断的换质法直接推理进行分析时曾得到"SIP→SOP"这一结论，因为 O 判断不能进行换位推理，所以 I 判断不能进行换质位法直接推理。这样我们就只能对 A、E、O 3 种直言判断进行换质位法直接推理。

A 判断（即 SAP）的换质位法直接推理

A 判断（即 SAP）的换质位法直接推理就是先改变 A 判断的质，再改变换质得出的结论的位而得出一个新的直言判断的直接推理。为了比较清楚地说明换质位法直接推理的推理方法，现将 A 判断换质换位的全过程都列出来。即：

所有 S 都是 P，　　　　　　　→　　　所有 S 都不是非 P，

所以，所有非 P 都不是 S。　　　　　所以，所有非 P 都不是 S。

根据上述推理公式可得出：SAP → SE$\overline{P}$ → P-ES。比如：

所有的商品都是劳动产品，　　→所有的商品都不是非劳动产品，

所以，所有的商品都不是非劳动产品。　所以，所有的非劳动产品都不是商品。

E 判断（即 SEP）的换质位法直接推理

E 判断（即 SEP）的换质位法直接推理就是先改变 E 判断的质，再改变换质得出的结论的位而得出一个新的直言判断的直接推理。在该判断和下面的 O 判断中，我们将略去换质的步骤，直接得出换质位后的结论。即：

所有的 S 都不是 P，

所以，有些非 P 都是 S。

根据上述推理公式可得出：SEP → SA$\overline{P}$ → P-IS。在对 SA$\overline{P}$进行换位时，由于 SA$\overline{P}$是 A 判断，所以要采用限量推理法。比如：

所有的成功都不是容易的，

所以，有些不容易的是成功。

O 判断（即 SOP）的换质位法直接推理

O 判断（即 SOP）的换质位法直接推理就是先改变 O 判断的质，再改变换质得出的结论的位而得出一个新的直言判断的直接推理。即：

有些 S 不是 P，

所以，有些非 P 是 S。

根据上述推理公式可得出：SOP → SI$\overline{P}$ → $\overline{P}$IS。比如：

有些荷花不是红色的，

所以，非红色的是荷花。

2. 换位质法直接推理

换位质法直接推理就是先改变前提（即原判断）的位，然后再改变换位得到结论的质而得出新的结论（即新的直言判断）的直接推理。它与换质位法直接推理进行的步骤正好相反。需要指出的是因为 O 判断不能换位，所以它也就不能进行换位质法直接推理。

A、E、I 3 种判断的换位质法直接推理形式及结论如下：

A 判断的换位质法直接推理

A 判断的换位质法直接推理就是先改变 A 判断的（即原判断）的位，然后再改变换位得到结论的质而得出新的直言判断的直接推理。即：

所有 S 都是 P，

所以，有的 P 不是非 S。

根据上述推理公式可得出：SAP → PIS → POS̄。

E 判断的换位质法直接推理

E 判断的换位质法直接推理就是先改变 E 判断的（即原判断）的位，然后再改变换位得到结论的质而得出新的直言判断的直接推理。即：

所有 S 都不是 P，

所以，所有 P 都是非 S。

根据上述推理公式可得出：SEP → PES → PAS̄。

I 判断的换位质法直接推理

I 判断的换位质法直接推理就是先改变 I 判断的（即原判断）的位，然后再改变换位得到结论的质而得出新的直言判断的直接推理。即：

有些 S 是 P，

所以，有些 P 不是非 S。

根据上述推理公式可得出：SIP → PIS → POS̄。

值得一提的是，有时候换质、换位的推理方法可以反复、持续地进行。看下面这则故事：

有一个人请客，客人却迟迟没有来齐。其人一急，便说道："该来的怎么都没来！"已经来的客人听到主人的话后，呼啦啦走了一片。其人更加着急，又说道："怎么回事啊？不该走的都走了！"剩下的人一听，也都呼啦啦走了，只剩下主人在那里发愣。

在这个故事中，"该来的怎么都没来"就是说"该来的都是没来的"；"不该走的都走了"就是说"不该走的都是走的"。这其实就是两个直言判断，现在我们通过换质、换位推理的交叉连续运用来找出客人走的原因。

（1）对"该来的都是没来的"换质可以得到"该来的都不是来的"，再对其换位可以得到"来的都不是该来的"，再对其进行换质可以得到"来的都是不该来的"。既然如此，那些已经来的人自然会走掉一片了。

（2）对"不该走的都是走的"换质可得到"不该走的都不是没走的"，再对其换位可得到"没走的都不是不该走的"，再对其进行换质可得到"没走的都是该走的"。既然如此，剩下没走的人自然也都走了。

通过对直言判断的变形直接推理的分析我们可以看到，一个直言判断可以通过不同的推理方法推出多个必然真的结论。这不但可以让人们对直言判断所描述的事物有更深入、全面的认识，从这些结论中选择最为准确的表达，同时也有助于人们更为有效地进行较为复杂的思维活动。

## 三段论

作为形式逻辑的奠基人，亚里士多德在逻辑学上的贡献是多方面的，其中最重要的就是他的三段论学说。经过历代学者的研究修缮，现在的三段论已经是逻辑学中最为重要和严密的推理形式之一。

### 三段论的定义

所谓三段论就是以包括一个共同概念的两个直言判断作为前提推出一个新的直言判断作为结论的演绎推理形式。具体地说，就是通过一个共同概念把两个直言判断联结起来，并以这两个直言判断为前提，推出一个新的直言判断。因为，三段论的前提和结论都是直言判断，所以三段论又被称为直言三段论推理或直言三段论。比如：

（1）作家都是知识分子，（2）语言是人类交际的工具，

钱锺书是作家， 汉语是语言，

所以，钱锺书是知识分子。 所以，汉语是人类交际的工具。

推理（1）是以包含"作家"这个共同概念的两个直言判断（作家都是知识分子、钱锺书是作家）作为前提推出一个新的直言判断作为结论（钱锺书是知识分子）的三段论推理；推理（2）则是以包含"语言"这个共同概念的两个直言判断（语言是人类交际的工具、汉语是语言）作为前提推出一个新的直言判断作为结论（汉语是人类交际的工具）的三段论推理。

因为三段论是由两个判断推出一个判断的推理形式，所以三段论是间接推理；又因为三段论的前提和结论都是直言判断，所以三段论是直言判断的间接推理。

**三段论的结构**

三段论是由 3 个直言判断组成的，所以共有 3 个主项和 3 个谓项。因为事实上每个词项都出现了两次，所以一个三段论共包括 3 个不同的词项。以上面的推理（1）为例：

作家（M）都是知识分子（P），

钱锺书（S）是作家（M），

所以，钱锺书（S）是知识分子（P）。

由此可见，这个三段论推理共包含 3 个不同的词项，即：作家、知识分子和钱锺书。

我们把三段论中这 3 个不同的词项叫做大项、小项和中项。

大项就是结论中的谓项，用 P 表示，在上面两个推理中即是"知识分子"和"人类交际的工具"。大项 P 在第一个前提中是作为谓项出现的。

小项就是结论中的主项，用 S 表示，在上面两个推理中即是"钱

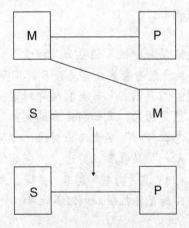

锤书"和"汉语"。小项 S 在第二个前提中是作为主项出现的。

中项就是在前提中出现两次而在结论中不出现的词项,用 M 表示,在上面的两个推理中即是"作家"和"语言"。中项是连接大项和小项的词项。

三段论是由两个作为前提的直言判断和一个作为结论的直言判断组成的。我们把其中包含大项(P)的前提叫大前提,在上面的两个推理中即是"作家都是知识分子"和"语言是人类交际的工具";把其中包含小项(S)的前提叫小前提,在上面的两个推理中即是"钱锺书是作家"和"汉语是语言"。

这样我们就可以得出三段论的结构,即:由包含 3 个不同的项(大项、中项和小项)的 3 个直言判断(大前提、小前提和结论)组成。

由上面两例三段论的结构我们可以得出它们的推理公式:

这种三段论推理公式是最基本的推理形式,它还有许多变化,以后我们会专节讲述。

**三段论的特点**

从三段论的含义及结构形式我们可以得出三段论具有以下几个特点:

第一,三段论都是由两个已知直言判断作为前提推出一个新的直言判断。

第二，作为前提的两个直言判断中必然包含一个共同概念，这个共同概念（即中项）是联结两个前提的中介。

第三，三段论的前提中蕴涵着结论，因此前提必然能推出结论，这个推理也是必然性推理。

第四，由大前提和小前提推出结论的过程是由一般到个别、特殊的演绎推理过程。

### 三段论的公理

所谓公理，也就是经过人们长期实践检验、不需要证明同时也无法去证明的客观规律。比如"过两点有且只有一条直线""同位角相等，两直线平行"等都是数学公理。逻辑学中，三段论的公理即是：

对一类事物的全部有所肯定或否定，就是对该类事物的部分也有所肯定或否定。

1. 对一类事物的全部有所肯定，就是对该类事物的部分也有所肯定。

看下面这则故事：

明朝的戴大宾幼时即被人们誉为"神童"，特别善于联诗作对。一次，一个显贵想看看戴大宾是否名副其实，便想出对考他。显贵首先出对道："月圆。"戴大宾随即对道："风扁。"显贵嘲笑道："月自然是圆的，风如何是扁的呢？"戴大宾道："风见缝就钻，不扁怎么行？"显贵又出对道："凤鸣。"戴大宾从容不迫道："牛舞。"显贵又讥笑道："牛如何能舞？这次肯定不通。"戴大宾笑道："《尚书·虞书·益稷》上说：'击石拊石，百兽率舞'，牛亦属百兽之列，如何不能舞？"显贵俯首叹服。

这则故事中，包含着两个三段论推理：

（1）能钻缝的都是扁的，　（2）兽都是能舞的，

　　风是能钻缝的，　　　　牛是兽，

　　所以，风是扁的。　　　所以，牛是能舞的。

推理（1）肯定"能钻缝的都是扁的"，而"风是能钻缝的"

的事物中的一部分，那么就必然可以肯定"风是扁的"了；推理（2）肯定"兽都是能舞的"，而"牛是兽"的一种，那么也就必然可以肯定"牛是能舞的"了。

这就是对三段论公理中"对一类事物的全部有所肯定，就是对该类事物的部分也有所肯定"的运用。上面两个三段论可以用下面这个逻辑形式来表示：

　　　所有M都是P，

　　　所有S都是M，

　　　所以，所有S都是P。

我们可以用S（小项）、M（中项）、P（大项）的图示来表示三段论公理肯定方面的含义如图1：

从图1可以看出，对事物P的全部有所肯定，就是对它的部分M和S有所肯定。

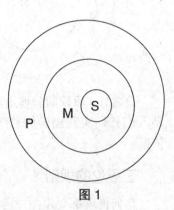

图1

2.对一类事物的全部有所否定，就是对该类事物的部分也有所否定。比如：

　　（1）不能制造和使用工具的动物不是人，

　　（2）草本花卉不是木本花卉，

　　虎是不能制造和使用工具的动物，　紫罗兰是草本花卉，

　　所以，虎不是人。　　　　　　　　所以，紫罗兰不是木本花卉。

推理（1）是对"不能制造和使用工具的动物是人"的否定，而"虎是不能制造和使用工具的动物"的一种，那么就必然可以否定"虎是人"并由此得出"虎不是人"的结论；推理（2）也可通过类似的分析得出"紫罗兰不是木本花卉"的结论。

这就是对三段论公理中"对一类事物的全部有所否定，就是对该类事物的部分也有所否定"的运用。上面两个三段论可以用下面这个逻辑形式来表示：

　　　所有M都不是P，

　　　所有S都是M，

所以，所有 S 都不是 P。

我们可以用 S（小项）、M（中项）、P（大项）的图示来表示三段论公理否定方面的含义，如图 2。

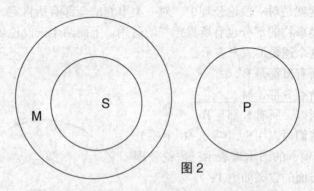

图 2

总之，三段论的公理是对客观事物中一般和个别关系的反映，是人们长期实践经验的总结，也是我们进行三段论推理的客观依据。

## 三段论的规则

任何推理都要遵循一定的规则，三段论推理也是如此。通过上节对三段论的含义、结构、特点和公理的分析，我们可以得出三段论推理必须遵守的各项规则。

### 规则一：有且只能有大项、中项和小项这 3 个不同的项

大项、中项和小项是一个三段论推理得以有效进行的必要条件，如果少于 3 个，显然无法构成三段论；如果多于 3 个，即在三段论中出现 4 个不同的项，也不能得出结论。在逻辑学中，这叫做"四词项"错误（或叫"四概念"错误）。常见的有两种情况：

1. 由完全不同的 4 个词项组成的三段论

如果一个三段论是由完全不同的 4 个词项组成的，那么就根本无法进行推理，这是最明显的"四词项"错误。比如：

北京是中国的首都，

上海是一个国际性大都市，

所以……

这个三段论的包含了 4 个不同的词项，即"北京""中国的首都""上海"和"一个国际性大都市"，但是却无法推出结论。因为，这 4 个词项组成了两个独立的判断，它们既然没有联系，也就不能推出结论了。

2. 前提中使用外延不同的词项作为中项

有些三段论，从形式上看没什么错误，也是由 3 个不同的词项组成的，但因为中项在大前提和小前提中的外延不同，实质上是用 3 个词项表达了 4 个概念。这是一种不太明显的"四词项"错误，稍不留意就会忽略。比如：

一次辩论会上，正方为了说服反方，便语重心长地说："我们应该辩证地看问题，辩证法是伟大的马克思主义哲学的灵魂啊。"反方立即抓住正方这个观点的漏洞，反驳道："是吗？黑格尔也是为西方所公认的辩证法大师，根据正方的观点，是不是可以认为黑格尔的辩证法也是马克思主义哲学的灵魂呢？"正方哑口无言。

在这里，反方是运用三段论的推理来对正方的观点加以反驳的，即：

辩证法是马克思主义哲学的灵魂，

黑格尔的辩证法是辩证法，

所以，黑格尔的辩证法是马克思主义哲学的灵魂。

在这个三段论中，包含 3 个词项："辩证法""马克思主义哲学的灵魂"和"黑格尔的辩证法"。不过需要注意的是，大前提中的"辩证法"是指马克思提出来的唯物辩证法，而"黑格尔的辩证法"则是指黑格尔提出的辩证体系。这两个词项在外延上是完全不同的。因此，可以说这两个"辩证法"是两个不同的词项。反方虽然用这个三段论反驳得正方哑口无言，但是却犯了"四词项"错误，因而这是一个错误的三段论推理。

### 规则二：中项在前提中至少要周延一次

周延性问题就是指在直言判断中，对主项和谓项的外延范围或数量作断定的问题。作为联结大项和小项的中项，如果在大小前提中都不周延，即其外延的范围或数量不确定，那么大项与中项就只能在一部分外延上发生联系；而中项与小项也只是在一部分外延上发生联系。如果这发生联系的两部分是完全不同的，或者只有一部分相同，那么就无法推出必然的结论。比如：

外语系学生都是学外语的，

李明是学外语的，

所以，李明是外语系学生。

这个三段论中，"学外语的"是联结大项"外语系"和小项"李明"的中项，但是它在两个前提中的外延都没有明确断定，即都不周延，因此得出的结论也是错误的。

所以，只有中项至少周延一次，它才能通过其全部外延与大项或小项确定的某种关系来实现联结的意义。

**规则三：在前提中不周延的项在结论中亦不得周延**

这条规则是说，如果前提中的词项的外延不断定，那么在结论中的外延也应该是不断定的。因为结论中包含大项和小项两个词项，所以这也分两种情况：

1. 大项在前提中不周延在结论中周延

大项是结论的谓项，如果大项在前提中不周延，那么它的外延就没有被全部断定，而只是部分断定；如果它在结论中周延了，就意味着它在结论中的外延是全部断定的。这样一来，结论中的大项的外延显然是比前提中大项的外延大，这就犯了"大项扩大"的错误，而结论也就不是必然推出的了。比如：

5 加 5 是等于 10 的，

2 加 8 不是 5 加 5，

所以，2 加 8 不等于 10。

在这个三段论中，大前提中的大项"等于 10"是不周延的；结论"2 加 8 不等于 10"是个否定判断，根据否定判断谓项周延的规律，那么结论中的"等于 10"就是周延的。这就是因为犯了"大项扩大"的错误而推出了错误的结论。

2. 小项在前提中不周延在结论中周延

小项是结论的主项，如果小项在前提中不周延而在结论中周延了，那么结论中小项的外延也就比小前提中的外延大，这就犯了"小项扩大"的错误，推出的结论也就不是必然的了。

妈妈为了劝女儿多吃水果，便说："你要知道，多吃桃子是可以减肥的。"

女儿惊奇地问道："为什么？"

妈妈道："你见过肥胖的猴子吗？"

在上面一段对话中，"妈妈"运用了一个三段论推理：

猴子都是不肥胖的，

猴子都是吃桃子的，

所以，吃桃子的都是不肥胖的。

这个三段论中，小项"吃桃子的"在小前提中是谓项，在结论中则是主项。而小前提和结论都是全称肯定判断，根据全称肯定判断主项周延、谓项不周延的规律，小项"吃桃子的"在前提中是不周延的，在结论中则是周延的。这就犯了"小项扩大"的错误，因而得到的结论也是错误的。

**规则四：大小前提不能都是否定判断**

否定判断是断定某事物不具有某种属性，也就是说，否定判断的主项和谓项是不相容的。如果大小前提同时为否定直言判断，那么，大前提中的大项与中项则不相容，小前提中的中项与小项也不相容，这样就不能推导出小项与大项的关系，得不出必然结论。比如：

（1）豹子不是老虎，　（2）锐角三角形不是钝角三角形，

猫不是豹子，　　　　锐角三角形也不是直角三角形，

所以，猫……　　　　那么，直角三角形……

三段论（1）中，大小前提都是否定判断，那么结论既可以是"猫不是老虎"，也可以是"猫是老虎"，或者"猫是（不是）其他……"。因此无法推出必然结论，这个三段论也就不能成立；三段论（2）亦然。

**规则五：若前提中有一个否定的，结论也必为否定；若结论为否定，则必有一个前提为否定。**

两个前提中，若大前提是否定的，小前提是肯定的。那么，大前提中，大项和中项就是不相容关系，小前提中小项和中项则

是相容关系，那么小项则必然与大项不相容，所以结论也必为否定。同样，若小前提是否定的，大前提是肯定的，那么，大前提中大项与中项则是相容，小前提中小项与中项不相容，那么，小项必然与大项不相容，则结论也必为否定。比如：

（1）历史系学生不是数学系学生，（2）能被 2 整除的数都是偶数，

张强是历史系学生，    17 是不能被 2 整除的，

所以，张强不是数学系学生。 所以，17 不是偶数。

三段论（1）中，大前提是否定的，大项"数学系学生"和"历史系学生"不相容；小前提是肯定的，小项"张强"真包含于中项"历史系学生"，所以小项"张强"与大项"数学系学生"也不相容，因而得出的结论必为否定的。三段论（2）中，大前提是肯定的，小前提是否定的。所以，中项"能被 2 整除的数"真包含于大项"偶数"，同时与小项"17"不相容，那么，小项"17"必然与大项"偶数"不相容，所得结论也就必是否定的。

此外，若结论是否定的，则必然推出小项与大项不相容。那么，在保证推理有效的前提下，也就必然可以推出小项与中项不相容或中项与大项不相容，也就是说大小前提中必有一个是否定的。

**规则六：大小前提不能都是特称判断**

第一，若大小前提都是特称否定判断（即 O + O），那么就违背了规则四，即"大小前提不能同时为否定判断"，三段论也就不能成立；

第二，若大小前提都是特称肯定判断（即 I+I），那么根据"特称判断的主项不周延，肯定判断的谓项不周延"可得出前提中的大、小、中项都不周延，这违背了规则二，即"中项在前提中至少要周延一次"，三段论也就不能成立；

第三，若大小前提是一个特称肯定判断和一个特称否定判断，即 I+ O 或 O+I。那么：

I 判断主、谓项均不周延，O 判断主项周延，则前提中只有一个周延项。

根据规则二，即"中项在前提中至少要周延一次"，则这个周延项应为中项；

根据规则五，即"若前提中有一个否定的，结论也必为否定"，则结论必为否定；

根据"否定判断的谓项周延"的规律，结论中的谓项即三段论中的大项必然周延；

"周延项应为中项"与"大项必然周延"显然是矛盾的，因此不管是 I+ O 还是 O+I，三段论都不能成立。

**规则七：若前提中有一个是特称的，结论必然也是特称的。**

第一，若两个前提中一个是全称肯定判断，一个是特称肯定判断，即 A+I。那么：

根据"A 判断的主项周延谓项不周延，I 判断的主、谓项均不周延"可得出只有 A 判断的主项周延；

根据规则二，即"中项在前提中至少要周延一次"，则这个周延项应为中项，那么大、小项就均不周延；

根据规则三，即"在前提中不周延的项在结论中亦不得周延"，那么，结论的主项（即小项）则不周延，因此结论必为特称判断。

第二，若两个前提中一个是全称否定判断，一个是特称否定判断，即 E+ O，根据规则四，即"大小前提不能都是否定判断"，可知这时三段论不能成立。

第三，若两个前提中一个是全称肯定判断，另一个是特称否定判断，即 A+ O。那么：

根据"A 判断主项周延谓项不周延，O 判断主项不周延谓项周延"，可知前提中只有两个周延项；

根据规则二，即"中项在前提中至少要周延一次"，可知两个周延项中至少有一个为中项；

根据规则五，即"若前提中有一个否定的，结论也必为否定"，则结论必为否定；

根据"否定判断谓项周延"，可知结论的谓项即大项周延，大项、中项是两个周延项，则小项必不周延；

根据规则三，即"在前提中不周延的项在结论中亦不得周延"，那么，结论的主项（即小项）则不周延，因此结论必为特称判断。

第四，若两个前提中一个是全称否定判断，另一个是特称肯定判断，即 E+I。那么：

根据"E 判断主、谓项均周延，I 判断主、谓项均不周延"可知前提中只有两个周延项；

这就与"A+ O"中的情况相似了，对此进行同样的分析可知，这两个周延项也必为中项和大项，而小项不周延。那么结论中的主项（即小项）也必不周延，因此结论必为特称判断。

由以上几种情况可知，若前提中有一个是特称判断，则结论也必为特称判断。

三段论的规则实际上就是三段论的公理的具体化，只有遵循三段论的公理和规则，才能避免错误，进行正确、有效的推理。

## 三段论的格

### 三段论的格

三段论包括大、中、小项 3 个词项。中项可以是大前提的主项或谓项，也可以是小前提的主项或谓项。三段论的格即是根据中项在大、小前提中位置的不同而形成的不同的三段论形式。因为中项可以在大、小前提主、谓项的任一位置，所以三段论可以分为 4 个格。

1. 第一格

第一格的形式

在第一格中，中项（M）分别是大前提的主项和小前提的谓项。这是三段论推理中最基本、最典型的形式，所以被称为"典型格"或"完善格"。我们在"三段论"一节中曾给出过第一格的推理形式，即：

第一格的规则

要想保证第一格推理形式的有效性，就要遵循第一格的规则，即：

（1）大前提必须是全称的；

（2）小前提必须是肯定的。

第一格规则可以概括为"大全小肯"。只有具备了这两条规则，第一

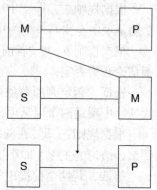

格的推理形式才能成立。比如：

（1）所有的整数都是有理数，　（2）凡是邪恶的都不是善良的，

　　　386 是整数，　　　　　　　犯罪行为是邪恶的，

　　所以，386 是有理数。　　　　所以，犯罪行为不是善良的。

第一格的特点

第一格体现了从一般到个别、从普遍到特殊的典型演绎推理过程，因此运用最为广泛；它根据一般性、普遍性原则来推导、论证个别的、特殊的问题，因此可以用来验证某一结论的真实性；最常用于司法审判中。

2. 第二格

第二格的形式

在第二格中，中项（M）在大、小前提中均为谓项。其推理形式为：

第二格的规则

要想保证第二格推理形式的有效性，就要遵循第二格的规则，即：

（1）大前提必须是全称的；

（2）前提中必须有一个是否定的。

第二格规则可以概括为"大全一否"。只有具备了这两条规则，第二格的推理形式才能成立。比如：

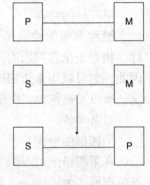

（1）所有的花都是植物，（2）所有的脊椎动物都不是无脊椎动物，

　　　企鹅不是植物，　　　　蜗牛是无脊椎动物，

　　所以，企鹅不是花。　　所以，蜗牛不是脊椎动物。

第二格的特点

根据三段论的规则五，即"若前提中有一个否定的，结论也必为否定"，可知第二格的结论必为否定，即它是说明"什么不是什么"，因此可以用来区分不同事物的类别，故被称为"区别格"。

3. 第三格

第三格的形式

在第三格中，中项（M）在大、小前提中均为主项。其推理形式为：

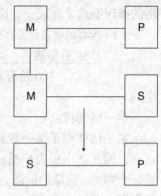

第三格的规则

要想保证第三格推理形式的有效性，就要遵循第三格的规则，即：

（1）小前提必须是肯定的；

（2）结论必须是特称的。

第三格的规则可以概括为"小肯结特"。只有具备了这两条规则，第三格的推理形式才能成立。比如：

（1）亚里士多德是哲学家， （2）有些文学作品不是小说，

　　亚里士多德是逻辑学家，　　　　有些文学作品是诗歌，

　　所以，有些逻辑学家是哲学家。所以，有些诗歌不是小说。

第三格的特点

特称判断的特点是肯定或否定某一部分事物不具有某些属性，相对于全称判断而言，它主要是指一般情况中的特殊情况。因此，它可以用来否定或反驳一个全称判断，指出其中的例外情况，所以又被称为"反驳格"。

4. 第四格

第四格的形式

在第四格中，中项（M）分别是大前提的谓项和小前提的主项。其推理形式为：

第四格的规则

（1）若大前提是肯定的，则小前提必须是全称的；

（2）若小前提是肯定的，则结论必须是特称的；

（3）若前提中有一个否定的，则大前提必须是全称的；

（4）前提不能是特称否定的，结论不能是全称肯定的。

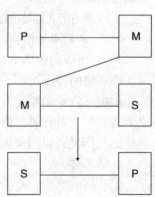

只有具备了这4条规则，第四格的推理形式才能成立。比如：

（1）有些花是草本花卉， （2）所有的正数都不是负数，
　　　所有的草本花卉都是植物，所有的负数都是小于零的，
　　　所以，有些植物是草本花卉。 所以，有些小于零的不是正数。

第四格的特点

相对于其他3种三段论形式而言，第四格在实际运用中出现得最少。

**三段论的格的证明和运用**

这4种三段论形式所必须遵循的规则实际上就是三段论的规则在具体情况中的运用。所以，它们的这些规则都可以用三段论的规则来论证。以第二格的两条规则为例：

（1）大前提必须是全称的；

（2）前提中必须有一个是否定的。

假设大、小前提都是肯定的，根据"肯定判断的谓项不周延"可知，大小前提的谓项都是不周延的，那么中项就是不周延的；而三段论规则二要求"中项在前提中至少要周延一次"，那么大、小前提都是肯定的就违背了三段论规则，所以前提中必须有一个是否定的。

根据三段论规则五，即"若前提中有一个否定的，结论也必为否定"，那么第二格中的结论必为否定，而否定判断的谓项（即大项）是周延的。如果大前提是特称的，因为特称判断主项不周延，那么大项就是不周延的。而这与三段论规则三要求的"在前提中不周延的项在结论中亦不得周延"是相矛盾的，所以大前提不能是特称，只能为全称。

对于第一、三、四格也可以用三段论的7条规则来证明，在此不再赘述。

掌握了三段论的格，就可以利用它的4种不同的形式和特点来解答一些题目。看下面这道题：

所有的七言律诗都是律诗，《静夜思》不是律诗，所以，《静夜思》不是七言律诗。

以下哪个选项和上述推理结构最为类似？

A. 所有的城市都是经济集聚区，所有的城市都是人群集聚区，所以，有些人群集聚区是经济集聚区。

B. 所有的老虎都是猫科动物，东北虎是老虎，所以，东北虎是猫科动物。

C. 具有先进思想的人是共产党人，共产党人是革命者，所以，有些革命者是具有先进思想的人。

D. 所有的城市都是经济集聚区，有些人群集聚区不是经济集聚区，所以，有些人群集聚区不是城市。

这是一道关于三段论的题目，题干和选项都是三段论。题干中，中项"律诗"分别是大、小前提的谓项，所以题干是三段论的第二格；A项中，中项"城市"分别是大、小前提的主项，所以A项是三段论的第三格，与题干不符；B项中，中项"老虎"分别是大、小前提的主项和谓项，所以B项是三段论的第一格，与题干不符；C项中，中项"共产党人"分别是大、小前提的谓项和主项，所以C项是三段论的第四格，也与题干不符；只有D项，中项"经济集聚区"分别是大、小前提的谓项，属于三段论的第二格，与题干相符。

## 三段论的式

### 三段论的式

#### 1. 三段论的式的含义

我们前面讲过，根据质和量的不同，直言判断可以分为A、E、I、O 4种类型。这4种直言判断在前提和结论中组合的不同，也会形成不同的三段论形式。三段论形式就是指A、E、I、O 4种直言判断以不同的方式排列组合而形成的各种三段论形式，或者说是由于前提和结论的质与量的不同而形成的各种三段论形式。比如：

（1）所有的脊椎动物都不是无脊椎动物（A），

（2）有些花是草本花卉（I），

老虎是脊椎动物（A），

所有的草本花卉都是植物（A），

所以，老虎不是无脊椎动物（A）。    所以，有些植物是草本花卉（I）。

上面两个三段论是我们在前面所举的例子。三段论（1）中，大、小前提和结论都是 A 判断，所以这个三段论就叫 AAA 式；三段论（2）中，大前提是 I 判断，小前提是 A 判断，结论是 I 判断，所以这个三段论就叫 IAI 式。

2. 三段论的可能式和有效式

理论上，A、E、I、O 4 种直言判断的任意 3 个都可以按照不同的组合构成一个三段论，即：大前提、小前提和结论都可以是其中的任一判断。由此可知，三段论共有 4×4×4=64 个式。因为三段论有 4 个格，每个格也就都有 64 个式，所以又可得到 64×4=256 个式。这 256 个式便是三段论的可能式。

不过我们前面讲过，若要保证三段论的有效性，必须遵循三段论的规则，具体到 4 个格里，就要遵循各个格的规则。而可能式中有些式是显然不能成立的。比如，根据三段论规则四，即"大小前提不能都是否定判断"，可知以"EE"和"EO""OE"为前提的三段论都是无效的。这样一来，除去不符合规则的可能式，可以得出 24 个有效的式。这 24 个式便是三段论的有效式。

此外，有些式，在这一格中有效，但放在其他格中则是无效的；在这一格中无效，但放在其他格中则有效。比如，"AOO"放在第二格中有效，放在其他格中则无效。也有些式，放在这一格中有效，放在另一格中也有效。比如，AEE 放在第二格中有效，放在第四格中也有效。根据这些特点，可以把这些有效式按不同的格分门别类。如下表：

| 格 | 有效式 |
|---|---|
| 第一格 | AAA、AII、EAE、EIO、(AAI)、(EAO) |

| 第二格 | AEE、AOO、EAE、EIO、(AEO)、(EAO) |
|---|---|
| 第三格 | AAI、AII、EAO、EIO、IAI、OAO |
| 第四格 | AAI、AEE、EAO、EIO、IAI、(AEO) |

3. 弱式

从上面的表格中，我们可以看到有 5 个带括号的"有效式"。它们都有一个共同特点，即都是全称判断的结论派生出的特称判断结论。以第二格中的 AEE 和 AEO 为例：

根据第二格的形式和规则，AEE 可以用下面的逻辑形式表示：

所有的 P 都是 M，

所有的 S 都不是 M，

所以，所有的 S 都不是 P。

在同一素材中，全称判断真，特称判断也必真。如果 S1 是 S 的一部分，即 S1 真包含于 S，那么这个三段论也必然可以推出"有些 S（即 S1）不是 P"。也就是说，由这个全称否定判断的结论可以必然推出特称否定判断的结论，即由 AEE 推出 AEO。

但是，作为一个结论，AEO 并没有把所推出的结论的全部内容包括进去。也就是说，它是一个不完全推理。我们把这种"有效式"叫做弱式。所谓弱式，就是在大、小前提相同的条件下，由全称判断的结论再推出的特称判断的结论而形成的三段论的"有效式"。事实上，弱式是有效式的派生物。在逻辑学中，一般不把弱式归入有效式。因此，去掉这 5 个弱式，可以得到 19 个属于完全推理的有效式。

**三段论的省略式**

1. 三段论的省略式的含义

三段论是逻辑学中最为重要和严密的内容之一，但是我们在运用三段论时，却不一定也没有必要每次都把三段论的大前提、小前提和结论都一一列出。尤其是在特定的语境中，往往会省略一部分，只运用其中的某一部分就可以进行有效的思维、表达或交流了。这就产生了三段论的省略式。

所谓三段论的省略式，就是在语言表达上省略三段论的某一部分的推理形式，有时也称简略三段论。比如：

（1）电脑是商品，所以，电脑是劳动产品。

（2）任何工作都要实事求是，所以，搞市场调查也要实事求是。

（3）物理反应是不会产生新物质的，水变成冰没有产生新物质。

上述 3 个推理都是三段论，但是它们都只有两个直言判断，可见都省略了某一判断，所以都是三段论的省略式。

2. 三段论的省略式的种类

常见的三段论的省略式有 3 种，省略大前提、省略小前提和省略结论。

当大前提表达的是众所周知、不言自明的一般性事实时，比如公认的公理、原则等，一般可以省略。上面所举的三段论（1）就省略了大前提，它的完整形式应该是：

一切商品都是劳动产品，

电脑是商品，

所以，电脑是劳动产品。

当小前提表达的是显而易见的事实，不需要也没必要再特别指出时，往往也可以省略。上面所举的三段论（1）就省略了小前提，它的完整形式应该是：

任何工作都要实事求是，

搞市场调查是工作，

所以，搞市场调查也要实事求是。

当结论不必说出来也能让人明白，或者不说出来比说出来更有力量、更有效果时，往往也可以省略。上面所举的三段论（3）就省略了结论，它的完整形式应该是：

物理反应是不会产生新物质的，

水变成冰没有产生新物质，

所以，水变成冰不是物理反应。

需要特别注意的是，任何三段论都是由大前提、小前提和结论三部分构成的，缺一不可。三段论的省略式省略的只是语言表达形式，而不是逻辑结构。也就是说，所省略的部分只是没有以语言形式表示出来，但在思维的逻辑结构中依然存在。

### 3. 三段论的省略式的恢复

因为三段论的省略式省略了三段论的某一部分，这就增加了人们认识、判断三段论正确性的难度。换言之，这种省略式有可能是无效的，但由于其不完整，这种无效反而被隐藏了。

为了避免这种有意或无意导致的错误推理，我们可以通过恢复三段论完整形式的方法来对其进行验证。这个恢复过程可以分三步进行：

第一，辨别省略的大、小前提和结论。恢复三段论的完整式时，辨别省略的部分是大、小前提还是结论无疑是首先需要完成的工作。要辨别省略部分，就要先确定现有部分是什么。

一般而言，结论都包含"因此""所以"等标志性词语，可以较为容易地辨别出来。如果没有这类标志性词语，可以根据现有判断间是否有推断关系，有推断关系的则是结论，反之则不是。在确定结论后，再根据结论的主项是小项，谓项是大项，就可以辨别出大、小前提了。如果现有判断中没有结论，只有大、小前提，那么大、小前提共有的概念就是中项，确定了中项，就可以找出小项和大项并进而辨别出大、小前提了。辨别出来现有判断后，就可以知道省略的是哪部分了。

第二，还原所省略的部分，恢复完整的三段论形式。辨别出省略的是哪部分后，就可以根据现有判断还原省略的部分。而根据三段论中任意两部分还原另一部分，显然是比较容易的。

第三，根据三段论的规则对恢复完整的三段论进行验证，如果它符合三段论的各项规则，就说明这个省略式是有效的，反之则是无效的。

### 4. 三段论的省略式和直言判断的直接推理的区别

从形式上看，三段论的省略式与直言判断的直接推理都是由两个直言判断组成的推理形式，那么，如何区别它们呢？

第一，二者包含的词项数目不同。除去联项和量项外，三段论的省略式都包含 3 个不同词项，而直言判断的直接推理则包括两个不同的词项。比如：

（1）所有学生都要上课，所以，并非有的学生不上课。

（2）所有学生都要上课，所以，李光要上课。

推理（1）中包含两个不同的词项，即"学生""上课"，所以是直言判断的直接推理；推理（2）包含 3 个不同的词项，即"学生""上课"和"李光"，所以是三段论的省略式。

第二，三段论的省略式可以还原省略的部分，恢复完整的形式，而直言判断的直接推理则只有两个判断。比如上面的推理（2）就可以恢复为：

所有的学生都要上课，李光是学生，所以，李光要上课。

三段论的省略式省略了众所周知或不言自明的部分，使推理形式更加精练，表达上更加简洁有力或婉转深刻，丰富了语言的内涵，也有利于人们进行更加有效的思维活动。因此，在日常生活中，三段论的省略式比完整式的运用更加广泛。需要注意的是，在使用三段论的省略式时，要根据三段论的规则对其进行验证，以免出现错误推理。

**三段论的复杂式**

三段论的复杂式是指由两个或两个以上的三段论联结起来构成的复杂的三段论推理，主要包括复合式、连锁式和带证式 3 种形式。

1. 复合三段论

复合式直言三段论简称复合三段论，是指由前一个三段论的结论作为后一个三段论的前提而构成的连续性三段论形式。它又可分为前进的复合三段论和后退的复合三段论两种。比如：

（1）文学是一种意识形态，　　（2）《红楼梦》是小说，

　　小说是文学，　　　　　　　　小说是文学，

　　所以，小说是一种意识形态。　所以，《红楼梦》是文学。

　　《红楼梦》是小说，　　　　　文学是一种意识形态，

所以，《红楼梦》是一种意识形态。　　所以，《红楼梦》是一种意识

种意识

形态。

上面两个推理都包含两个简单的三段论，所以都是复合三段论。

复合三段论（1）中，第一个三段论的结论"小说是一种意识形态"是作为第二个三段论的大前提而存在的，它和小前提"《红楼梦》是小说"共同推出了一个新的结论"《红楼梦》是一种意识形态"。这种由前一个三段论的结论作为后一个三段论的大前提而构成的复合三段论叫做前进的复合三段论。

复合三段论（2）中，第一个三段论的小前提是"《红楼梦》是小说"，大前提是"小说是文学"，其结论为"《红楼梦》是文学"；这个结论再作为下一个三段论的小前提，与它的大前提"文学是一种意识形态"共同推出了新的结论"《红楼梦》是一种意识形态"。这种由前一个三段论的结论作为后一个三段论的小前提而构成的复合三段论叫做后退的复合三段论。

前进的复合三段论和后退的复合三段论是根据不同的推理进程而得到的复合三段论的两种形式。它们的推理形式如下：

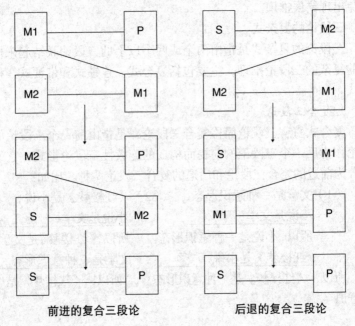

前进的复合三段论　　　　　　　后退的复合三段论

2. 连锁三段论

连锁式直言三段论简称连锁三段论，是指两个或两个以上的省略了结论的三段论联结在一起推出一个新的结论的三段论形式。也就是说，除了最后一个结论外，前面的三段论的结论都省略，而通过一系列中项的联结推出结论。又因其首尾环环相扣，形同锁链，故称连锁三段论。实际上，连锁三段论就是复合三段论的省略形式。比如：

（1）文学是一种意识形态，

　　　小说是文学，

　　　《红楼梦》是小说，＿＿＿＿＿＿＿

所以，《红楼梦》是一种意识形态。

（2）《红楼梦》是小说，

　　　小说是文学，

　　　文学是一种意识形态，＿＿＿＿＿＿

　　　所以，《红楼梦》是一种意识形态。

与前进的复合三段论相比，连锁三段论（1）省略了第一个三段论的结论"小说是一种意识形态"，使得这两个三段论的各前提在中项"文学""小说"的联结下推出了新的结论"《红楼梦》是一种意识形态。"这种在前进的复合三段论中由省略所有结论的三段论联结在一起推出一个新的结论的连锁三段论就是前进的连锁三段论。前进的连锁三段论是前进的复合三段论的省略形式。

与后退的复合三段论相比，连锁三段论（2）省略了第一个三段论的结论"《红楼梦》是文学"，使得这两个三段论的各前提在中项"小说""文学"的联结下推出了新的结论"《红楼梦》是一种意识形态"。这种在后退的复合三段论中由省略所有结论的三段论联结在一起推出一个新的结论的连锁三段论就是后退的连锁三段论。后退的连锁三段论是后退的复合三段论的省略形式。

前进的连锁三段论和后退的连锁三段论是根据不同的推理进程得到的复合三段论的两种省略式。它们的推理形式如下：

3. 带证三段论

带证式直言三段论简称带证三段论，顾名思义，"带证"就是带有证明。带证三段论就是至少有一个前提是其他三段论的省略式的复合三段论。因为前提本身带有证明性质，所以称为"带证"三段论。比如：

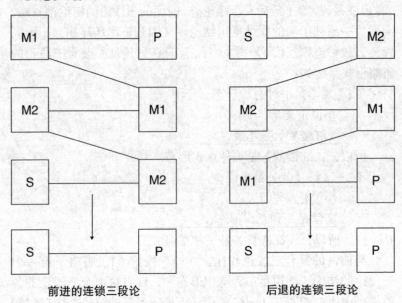

前进的连锁三段论　　　　　　　后退的连锁三段论

公理是经得起检验的，因为公理是符合客观规律的，

<u>经过直线外一点，有且只有一条直线与这条直线平行是公理，</u>

所以，经过直线外一点，有且只有一条直线与这条直线平行是符合客观规律的。

在这个带证三段论中，大前提"公理是经得起检验的，因为公理是符合客观规律的"就是一个三段论的省略式，且带有证明性质。其完整形式应该是：

凡是符合客观规律的都是经得起检验的，

<u>公理符合客观规律，</u>

所以，公理是经得起检验的。

带证三段论是复杂三段论的特殊形式，在表达、论证时有着较强的说服力。

## 关系推理

以简单判断为前提推出结论的推理就是简单判断推理。前面我们讲到的直言判断的直接推理、附性法推理、直言判断的变形直接推理以及三段论推理都是简单判断推理。本节讨论的关系推理也是简单判断推理的一种。

### 关系推理的含义

关系推理就是前提中至少有一个关系判断的推理。比如：

（1）十二月比十一月冷，　　　（2）十二月比十一月冷，

　　　所以，十一月没有十二月冷。　　一月比十二月冷，

　　　　　　　　　　　　　　　　所以，一月比十一月冷。

上面两个推理中，推理（1）的前提是一个关系判断，推理（2）的前提是两个关系判断。所以，这两个推理都是关系推理。

在进行关系推理的时候，要根据关系的逻辑性质来进行。所以，关系推理也可以说是根据关系的逻辑性质进行推演的推理。关系判断包括对称性关系和传递性关系两种。若前提中是对称关系判断，就要按照对称关系的逻辑性质进行推理，比如推理（1）；若前提是传递关系判断，就要按照传递关系的逻辑性质进行推理，比如推理（2）。

### 关系推理的种类

按照推理的前提是一个还是多个关系判断，关系推理可分为直接关系推理和间接关系推理。

1. 直接关系推理

直接关系推理是由一个关系判断（为前提）推出另一个关系判断（为结论）的推理。它在两个关系项中进行，主要包括对称关系推理和反对称关系推理。

对称关系推理

所谓对称关系推理，就是根据关系的对称性进行推演的关系推理。对称关系就是当 a 与 b 具有 R 关系时，b 与 a 也具有 R 关系。现代汉语中，表对称的常用关系项有"朋友""等于""同

学""交叉""矛盾""对立""邻居"等。逻辑学中，两个对象间的交叉、同一、全异关系以及两个判断之间的反对、不反对、矛盾等关系都具有对称性。比如：

（1）张三和李四是朋友，　　（2）A判断和O判断是矛盾关系，

所以，李四和张三是朋友。　　所以，O判断和A判断是矛盾关系。

由此可知，对称关系推理的推理形式可以表示为：

$$aRb,$$
$$所以，bRa。$$

反对称关系推理

所谓反对称关系推理，就是根据关系的反对称性进行推演的关系推理。反对称关系就是当a与b具有R关系时，b与a必不具有R关系。

现代汉语中，表反对称的常用关系项有"大于""小于""早于""晚于""多于""少于""高于""低于""重于""轻于""（被）统治""（被）剥削""（被）侵略"等。比如：

（1）8加9大于8加6，　　　　（2）大胖重于小胖，

所以，8加6不大于8加9。　　所以，小胖不重于大胖。

看庄子《逍遥游》中的一段话：

朝菌不知晦朔，蟪蛄不知春秋，此小年也。楚之南有冥灵者，以五百岁为春，五百岁为秋；上古有大椿者，以八千岁为春，八千岁为秋，此大年也。而彭祖乃今以久特闻，众人匹之，不亦悲乎？

在这段话中，有一个反对称关系推理：

朝菌、蟪蛄的寿命短于冥灵、大椿的寿命，

所以，冥灵、大椿的寿命不短于朝菌、蟪蛄的寿命。

由此可知，反对称关系推理的推理形式可以表示为：

$$aRb,$$
$$所以，b\overline{R}a。$$

其中，$\overline{R}$示"不具有R关系"。

我们前面讲过，对称性关系中还有一种非对称关系，但因为非对称关系是当 a 与 b 具有 R 关系时，b 与 a 可能具有 R 关系，也可能不具有 R 关系。所以，非对称关系不能推出必然结论，也就不能进行必然性推理。

2. 间接关系推理

间接关系推理是指由至少包括一个关系判断的两个或两个以上的判断（为前提）推出一个新的关系判断（为结论）的关系推理。它是在 3 个或 3 个以上的关系项中进行推理的，主要包括纯关系推理和混合关系推理两种情况。

纯关系推理

纯关系推理是指前提和结论都是关系判断的关系推理。从这个角度说，对称关系推理和反对称关系推理也属于纯关系推理。此外，它还包括传递关系推理和反传递关系推理。

所谓传递关系推理是指根据关系的传递性进行推演的关系推理。传递关系就是当 a 与 b 具有 R 关系且 b 与 c 也具有 R 关系时，a 与 c 也必具有 R 关系。

现代汉语中，表传递的常用关系项有"平行""相似""相等""大于""小于""早于""晚于""包含""侵略"等。比如：

（1）甲坐在乙前面，　　　　　（2）动物真包含哺乳动物，
　　　乙坐在丙前面，　　　　　　　　哺乳动物真包含牛，
　　所以，甲坐在丙前面。　　　　所以，动物真包含牛。

由此可知，传递关系推理的推理形式可以表示为：

$$aRb,$$
$$bRc,$$
$$所以，aRc。$$

所谓反传递关系推理是指根据关系的反传递性进行推演的关系推理。反传递关系就是当 a 与 b 具有 R 关系且 b 与 c 也具有 R 关系时，a 与 c 必不具有 R 关系。

现代汉语中，表反传递的常用关系项有"重……斤""大……岁""是父亲""是儿子"等。比如：

（1）甲是乙的父亲，　　（2）小张比小王高 5 厘米，

乙是丙的父亲，　　　　　　小王比小李高5厘米，

　　所以，甲不是丙的父亲。　所以，小张比小李并非高

5公分。

　　由此可知，反传递关系推理的推理形式可以表示为：

$$aRb,$$
$$bRc,$$
　　　　　　　　　所以，aRc。

　　传递性关系中有一种非传递关系，即当a与b具有R关系且b与c也具有R关系时，a与c的关系不确定，可能具有R关系，也可能不具有R关系。因此，非传递关系不能推出必然结论，所以也不能进行必然性推理。

　　3. 混合关系推理

　　混合关系推理是指由一个关系判断和一个直言判断（为前提）推出一个新的关系判断（为结论）的间接关系推理。它包括两种推理公式：

　　（1）aRb,　　　　　　（2）aRb,

　　　　c是a,　　　　　　　　　c是b,

　　　　所以，cRb。　　　　　所以，aRc。

比如：

　　（1）A公司员工的待遇好于B公司员工的待遇，

　　　　小林是A公司的员工，

　　　　所以，小林的待遇好于B公司员工的待遇。

　　（2）A公司员工的待遇好于B公司员工的待遇，

　　　　小林是B公司的员工，

　　　　所以，A公司员工的待遇好于小林的待遇。

　　上面两个混合关系推理中，前提都是由一个关系判断和一个直言判断构成的，所得结论也均为关系推理。其中，推理（1）是根据公式（1）得来的，推理（2）是根据公式（2）得来的。

　　在进行混合关系推理时，要满足以下几个原则：

　　第一，前提中的直言判断必须是肯定的。以上面的推理（1）为例，若直言判断是否定的，即"小林不是A公司的员工"，那

么"小林"与 B 公司的关系就不确定，也就无法推出必然结论。

第二，作为中项的关系项至少要周延一次。这与三段论的规则二"中项在前提中至少要周延一次"的道理是相同的。

第三，前提中不周延的词项在结论中亦不得周延。如果在前提中不周延的词项在结论中周延了，就会犯"词项扩大"的错误，道理与三段论规则三"前提中不周延的项在结论中亦不得周延"相同。

第四，若前提中的关系判断肯定，则结论亦肯定；若前提中的关系判断否定，则结论亦否定。

第五，若关系 R 是对称的，那么结论中的关系项位置应该与前提中的关系项的位置是相应的。换言之，若关系项在前提中是前项，在结论中也应是前项；若关系项在前提中是后项，在结论中也应是后项。这主要是因为不对称关系的前后项一旦错位，就改变了原来的关系，这个关系推理就可能是错误的。

从形式上看，混合关系推理类似三段论，只不过它的前提有一个关系判断，所以有人称其为关系三段论。在日常生活中，不管是纯关系推理还是混合关系推理，都有着广泛的用途。

## 联言推理

### 联言推理的含义

以联言判断作为前提或结论的复合判断推理就是联言推理。联言判断的逻辑性质是：当且仅当所有联言肢都为真时，联言判断才为真。所以，联言推理也是根据联言判断的逻辑性质进行推演的复合判断推理。比如：

（1）她很年轻，并且也很漂亮。 （2）狄仁杰善于探案，
　　　所以，她很漂亮。　　　　　　狄仁杰能治国，
　　　　　　　　　　　　　　　　所以，狄仁杰不但善
　　　　　　　　　　　　　　　　于探案，而且能治国。

上面两个推理中，推理（1）的前提为联言判断，并且根据联言判断的逻辑性质（联言判断为真，它的联言肢也必为真）推出"她很漂亮"这一结论；推理（2）的结论为联言判断，并且

根据联言判断的逻辑性质（联言肢都为真时，联言判断才为真）推出了"狄仁杰不但善于探案，而且能治国"这一联言判断。所以，这两个推理都是联言推理。

**联言推理的规则**

要保证联言推理的有效，就要遵循以下两条规则：

一是肯定一个联言判断为真，即是肯定它的所有联言肢都为真。反之亦然。

以上面的推理（1）为例，如果肯定前提"她很年轻，并且也很漂亮"为真，那么就必然肯定了"她很年轻"和"她很漂亮"这两个联言肢为真，也只有如此，才能推出必然结论；以上面的推理（2）为例，如果肯定了"狄仁杰善于探案"和"狄仁杰能治国"这两个判断为真，就能得出"狄仁杰不但善于探案，而且能治国"这个联言判断的结论为真，即推出必然结论。

二是否定一个联言肢为真，即是否定了这个联言判断为真。反之，否定了一个联言判断为真，就至少否定了其中一个联言肢为真。

比如上面两个推理，只要否定了前提中的任一个判断为真，就不能推出必然结论。

**联言推理的种类**

联言推理包括分解式和合成式两种。

1. 联言推理的分解式

联言推理的分解式的含义

概括地说，联言推理的分解式是以一个联言判断作为前提的联言推理。具体地说，联言推理的分解式是以一个真的联言判断为前提，以其任一联言肢为结论的联言推理。比如上面的推理（1）中，即是以联言判断"她很年轻，并且也很漂亮"为前提，以其联言肢"她很漂亮"为结论的联言推理。再比如：

哺乳动物既是恒温动物，又是脊椎动物。

所以，哺乳动物是脊椎动物。

这个推理即是以"哺乳动物既是恒温动物，又是脊椎动物"这个联言判断为前提，推出其联言肢"哺乳动物是脊椎动物"为结论的。

需要指出的是，在这个推理过程中，必须要遵循联言推理的两条规则，否则就不能推出必然结论。

联言推理的分解式的逻辑形式

我们前面讲过，联言判断可以用"p并且q，即：p∧q"来表示。所以，联言推理的分解式的推理形式可以表示为：

| p并且q， | 即：p∧q， |
|---|---|
| 所以，p（或q）。 | p（或q）。 |

也可以表示为：p∧q→p（或q）。

比如："哺乳动物既是恒温动物，又是脊椎动物"既可以推出"哺乳动物是脊椎动物"，也可以推出"哺乳动物是恒温动物"。

2. 联言推理的合成式

联言推理的合成式的含义

概括地说，联言推理的合成式就是以一个联言判断作为结论的联言推理。具体地说，联言推理的合成式就是以两个或两个以上真的联言肢为前提，以推出的真的联言判断为结论的联言推理。比如上面的推理（2）中，即是以"狄仁杰善于探案"和"狄仁杰能治国"这两个真的联言肢为前提，以它们推出的真的联言判断"狄仁杰不但善于探案，而且能治国"为结论的联言推理。再比如：

"三个代表"是我们党的立党之本，

"三个代表"是我们党的执政之基，

"三个代表"是我们党的力量之源，

所以，"三个代表"既是我们党的立党之本，又是我们党的执政之基、力量之源。

这个推理即是以3个真判断为前提，推出一个真的联言判断为结论的联言推理。

在进行合成式推理时，也要遵循联言推理的两条规则。比如我们在"联言判断"一节中提到的"约翰买衣服"的那个故事，其中有两个判断："买一件衣服"和"送一条领带"。只有当这两个判断都为真时，才能推出"买一件衣服，且送一条领带"这个必然结论。约翰只肯定"送一条领带"为真，否定了"买一件衣服"，因此就不能得出"买一送一"这个必然结论。

联言推理的合成式的逻辑形式

联言推理的合成式的推理形式可以表示为：

p,                             p,

q,_____          即：      q,____

所以，p 并且 q。              p ∧ q。

也可以表示为：（p，q）→ p ∧ q。

**联言推理的作用**

联言推理有着很重要的作用，比如在企业公布的招聘条件中，在解释某些法律条款时，或者在刑事案件的侦查中，联言推理都发挥着不容忽视的作用。

第一，有助于人们根据整体情况推出个体情况，根据普遍认识推出特殊认识。如今各个学科的研究越来越细化，也越来越深入，这其实都是联言推理的在研究中的具体运用。比如：

法律是国家制定或认可的，由国家强制力保证实施的，以规定当事人权利和义务为内容的具有普遍约束力的社会规范。

这是一个联言判断。从对法律的定义中，我们可以推出法律的几个特点：

法律是国家制定或认可的；

法律是由国家强制力保证实施的；

法律是以规定当事人权利和义务为内容的；

法律是具有普遍约束力的；

法律是社会规范。

这实际上就是一个联言推理，"法律"的定义是前提，这几个特点是由它推出的联言肢。

第二，有助于人们根据个体的、特殊的情况或认识推出普遍的、整体的情况或认识，从一个个个别现象推导出具有普遍指导意义的真理和规律。比如根据人类社会历史发展历程的特点总结出人类社会都是由低级到高级发展的规律。事实上，在企业开发出某种新产品或政府准备出台某个决策时，一般会先选择几个地方作为试点，一旦效果较好，便整体推行。这实际上也是联言推理的一种具体运用。

第三，联言推理是人们论证思想、表明立场、解决问题的有力工具。看下面这道题：

桌子上依次摆着 3 本书，已知前提有：

（1）小说书右边的两本书中至少有一本散文；

（2）散文左边的两本书中也有一本散文；

（3）黄色封面左边的两本书中至少有一本是红色封面；

（4）红色封面右边的两本书中也有一本是红色封面。

那么，这 3 本书各是什么颜色封面的书？

第一，由前提（1）可知左边第一本书是小说，由前提（4）可知左边第一本书的封面是红色的，由此可以推出左边第一本书是红色封面的小说。即：由"左边第一本书是小说"和"左边第一本书的封面是红色的"这两个判断推出"左边第一本书是红色封面的小说"这一结论。这运用的是联言推理的合成式。

第二，由前提（2）可知右边第一本书是散文，由前提（3）可知右边第一本书的封面是黄色的，由此可推出右边第一本书是黄色封面的散文。这也是运用的联言推理的合成式。

第三，由前提（2）可知当中的那本书或它左边的那本书（即左边第一本）都可能是散文，但由于我们已推出左边第一本书是小说，所以可知当中那本书是散文。由前提（4）可知当中那本书和它右边的那本书（即右边第一本书）都可能是红色封面，但由于我们已推出右边第一本书是黄色封面，因此可知当中的那本书是红色封面。最后推出当中那本书是红色封面的散文。

上面这道题便是运用联言推理来解决的。可见，联言推理虽然简单，但在日常生活中的用途却是广泛的。

## 选言推理

### 选言推理的含义和形式

1. 选言推理的含义

选言推理是以选言判断为大前提，并根据选言判断的逻辑性质进行推理的复合判断推理。比如：

（1）学习如逆水行舟，不进则退，

<u>　　　我们是进步的，　　　　　</u>

　　　所以，我们没有退步。

（2）他学的专业可能是中国古代文学，也可能是中国现当代文学，

<u>　　　他学的专业不是中国古代文学，　　　</u>

　　　所以，他学的专业是中国现当代文学。

上面两个推理中，大前提都是选言判断，小前提和结论都是直言判断，这是最常见的选言推理结构。

2. 选言推理的形式

根据小前提和结论是肯定部分选言肢还是否定部分选言肢，选言推理可以分为两种基本形式：肯定否定式和否定肯定式。但不管是哪种形式，它们的大前提都是选言判断。

肯定否定式：以选言判断为大前提，以小前提肯定部分选言肢，结论则否定另一部分选言肢。如上面所举的第一个选言推理：大前提为选言判断，小前提肯定了一个选言肢，即"进步"，所推出的结论则否定了另一个选言肢，即"退步"。

否定肯定式：以选言判断为大前提，以小前提否定部分选言肢，结论则肯定另一部分选言肢。如上面所举的第二个选言推理：大前提为选言判断，小前提否定了一个选言肢，即"中国古代文学"，所推出的结论则肯定了另一个选言肢，即"中国现当代文学"。

**选言推理的种类**

根据选言判断是相容还是不相容，选言推理可以分为相容选言推理和不相容选言推理。

1. 相容选言推理

相容选言推理就是以相容选言判断为大前提，并根据其逻辑性质进行推理的复合判断推理。

我们前面讲过，当且仅当选言肢都为假时，相容选言判断才为假。也就是说，只要有一个选言肢为真，这个相容选言判断就为真。因为一个相容选言判断可以有两个或两个以上的选言肢，

所以，也可以有多个选言肢同时为真。这就是说，如果肯定一部分选言肢为真，并不等于可以否定其他选言肢为真；而如果否定一部分选言肢为真，则可以肯定另一部分选言肢为真。根据相容选言判断的这种逻辑性质，我们可以得出相容选言推理需要遵循的规则：

第一，否定一部分选言肢，就要肯定另一部分选言肢；

第二，肯定一部分选言肢，不能否定另一部分选言肢。

根据相容选言推理的这两条规则，可以得出相容选言推理的两种形式：

否定肯定式：以相容选言判断为大前提，以小前提否定部分选言肢，结论则肯定另一部分选言肢。比如：

（1）他或者懂英语，或者懂法语，

　　　他不懂英语，

　　　所以，他懂法语。

（2）他或者懂英语，或者懂法语，

　　　他不懂法语，

　　　所以，他懂英语。

推理（1）中，小前提否定了选言肢"懂英语"，结论中则肯定了另一个选言肢"懂法语"；推理（2）中，小前提否定了选言肢"懂法语"，结论则肯定了另一个选言肢"懂英语"。

我们前面见过，相容选言判断可以表示为"p或者q，即：$p \vee q$"。那么，相容选言推理的否定肯定形式可以表示为：

p或者q，　　　　　　　　　　$p \vee q$，

非p（非q），　　　　即：　$\neg p（\neg q）$，

所以，q（p）。　　　　　　　q（p）。

也可以表示为：$(p \vee q) \wedge \neg p \to q$；$(p \vee q) \wedge \neg q \to p$。

肯定否定式：以相容选言判断为大前提，以小前提肯定部分选言肢，结论则否定另一部分选言肢。比如：

（1）他或者懂英语，或者懂法语，

　　　他懂英语，

所以，他不懂法语。

（2）他或者懂英语，或者懂法语，

他懂法语，

所以，他不懂英语。

推理（1）中，小前提肯定了选言肢"懂英语"，结论中则否定了另一个选言肢"懂法语"；推理（2）中，小前提肯定了选言肢"懂法语"，结论则否定了另一个选言肢"懂英语"。

因此，相容选言推理的肯定否定形式可以表示为：

p 或者 q,　　　　　　　　　　　　p $\lor$ q,

p（q），　　　　　　　　　即：　　　p（q），

所以，非 q（非 p）。　　　　　　　$\neg$q（$\neg$p）。

也可以表示为：（p $\lor$ q）$\land$ p → $\neg$q；（p $\lor$ q）$\land$ q → $\neg$p。

但是，根据相容选言推理的第二条规则，即"肯定一部分选言肢，不能否定另一部分选言肢"，可知肯定否定式是违反其推理规则的。比如上面的推理中，肯定他"懂英语"，但不等于就可以否定他"懂法语"，因为相容选言判断的选言肢是可以多个同时为真的。所以，由此得到的"（p $\lor$ q）$\land$ p → $\neg$ q 和（p $\lor$ q）$\land$ q → $\neg$ p"两个逻辑形式也是无效的。

根据上面的分析可知，相容选言推理中，只有否定肯定式这种形式才是其唯一的有效式。

2. 不相容选言推理

不相容选言推理就是以不相容选言判断为大前提，并根据其逻辑性质进行推理的复合判断推理。

不相容判断的逻辑性质是当且仅当一个选言肢为真时，不相容选言判断才为真。换言之，肯定一个选言肢为真，就等于否定其他选言肢为真；否定除一个选言肢以外的其余选言肢为真，就等于肯定剩余的那个为真。根据不相容选言判断的这种逻辑性质，我们可以得出不相容选言推理需要遵循的规则：

第一，肯定一个选言肢，就要否定其余的选言肢；

第二，否定其余的选言肢，就要肯定剩下的那一个选言肢。

　　根据不相容选言推理的这两条规则，可以得出不相容选言推理的两种形式：

　　肯定否定式：以不相容选言判断为大前提，以小前提肯定一个选言肢，结论则否定其余的选言肢。比如：

　　（1）考试成绩要么合格，要么不合格，

　　　　他的考试成绩是合格，

　　　　所以，他的考试成绩不是不合格。

　　（2）考试成绩要么合格，要么不合格，

　　　　他的考试成绩是不合格，

　　　　所以，他的考试成绩不是合格。

　　推理（1）中，小前提肯定了一个选言肢"合格"，结论则否定了另一个选言肢"不合格"；推理（2）中，小前提肯定了一个选言肢"不合格"，结论则否定了另一个选言肢"合格"。

　　我们前面见过，不相容选言判断可以表示为"要么 p，要么 q，即：p $\vee$ q"。那么，不相容选言推理的肯定否定形式可以表示为：

　　要么 p，　　　　　　　要么 q，p $\vee$ q，

　　p（q），　　　即：　　p（q），

　　所以，非 q（非 p）。　　$\neg$ q（$\neg$ p）。

　　也可以表示为：（p $\vee$ q）$\wedge$ p→$\neg$ q；（p $\vee$ q）$\wedge$ q→$\neg$ p。

　　否定肯定式：以不相容选言判断为大前提，以小前提否定其余选言肢，结论则肯定剩下的那个选言肢。比如：

　　（1）考试成绩要么合格，要么不合格，

　　　　他的考试成绩不是合格的，

　　　　所以，他的考试成绩是不合格。

　　（2）考试成绩要么合格，要么不合格，

　　　　他的考试成绩不是不合格，

　　　　所以，他的考试成绩是合格。

　　推理（1）中，小前提否定了一个选言肢"合格"，结论则肯定了另一个选言肢"不合格"；推理（2）中，小前提否定了一个选言肢"不合格"，结论则肯定了另一个选言肢"合格"。

　　因此，相容选言推理的肯定否定形式可以表示为：

要么 p，要么 q，　　　　　　　　p∨q，

非 p（非 q），　　　　即：　　¬p（¬q），

所以，q（p）。　　　　　　　　q（p）。

也可以表示为：（p∨q）∧¬p→q；（p∨q）∧¬q→p。

根据上面的分析可知，不相容选言推理的肯定否定式和否定肯定式都符合其推理规则，因而都是有效的。

**选言推理的作用**

选言推理在思维中有着极为重要的作用：

第一，选言推理中最为常用的方法是排除法。因为在日常工作和生活中，很多问题都存在着各种可能性，理论上每个可能性都有发生的几率，就是说每个选言肢都有为真的可能。这时候就可以使用排除法，逐步缩小范围，最终确定正确的答案或最佳的方法。这在刑侦工作、疾病诊断、科学研究以及各类考试的选择题中都经常使用。

第二，人们在认识事物的过程中，也不可能立刻就认识到事物的本质，也需要运用选言推理一步步探索。

需要指出的是，在运用选言推理的时候，一定要注意以下两个问题：

第一，如果作为大前提的不相容选言判断有 3 个或 3 个以上的选言肢时，小前提否定其中一个，有时并不能肯定余下的那些选言肢中哪个是真的。这就需要层层推理、排除，最终确定得到那个必然结论。比如：

几年没见，小柔要么胖了，要么瘦了，要么没变，

<u>小柔不是胖了，</u>

所以，小柔要么瘦了，要么没变。

这个选言推理的结论有两个选言肢，还不能肯定究竟哪个为真，也就不能得出必然结论，因此需要接着推理：

几年没见，小柔要么瘦了，要么没变，

<u>小柔不是没变，</u>

所以，小柔瘦了。

第二，如果作为大前提的相容选言判断有 3 个或 3 个以上的选言肢时，小前提否定其中一个，那么剩下的几个选言肢可能只有一个为真，也可能都真。比如：

他或者懂英语，或者懂法语，或者懂德语，

他不懂法语，

所以，他懂英语或者德语。

第三，当作为大前提的选言判断的选言肢是穷尽的时候，那么大前提就必为真；但是，当其选言肢没有穷尽时，大前提的真假就难以确定。所以，进行选言推理时，要尽可能地穷尽大前提中的选言肢。只有这样，才能保证得出必然结论。

## 猜测与演绎推理

本章我们主要讨论了演绎推理的逻辑思维形式，比如三段论、假言推理、选言推理等。亚里士多德认为，演绎推理是"结论可以从前提的已知事实'必然的'得出的推理"。演绎推理的共同特征是，从一般到个别的，并且其结论所断定的范围不超出前提断定的范围。所以，演绎推理又可以定义为结论在普遍性上不大于前提的推理，或"结论在确定性上，同前提一样"的推理。三段论一般由大、小前提和结论三部分构成，其中大前提是指一般性的认识或规律，小前提则是指个别性认识或对象，由大、小前提推出结论的过程就是由一般到个别的过程。可以说，三段论推理是最为常用的演绎推理形式，因此也有人把演绎推理称为三段论推理。

猜测是猜度、推测的意思，是凭某些线索或想象进行推断。在逻辑学中，猜测就是人们以现有知识为基础，通过对问题的分析、归纳，或将其与有类似关系的特例进行比较、分析，通过判断、推理对问题结果作出的估测。在科学研究上，猜测有着重要意义。比如在数学上，猜测可以说是数学理论的胚胎，许多伟大的数学家都是通过猜测发现了别人不曾发现的真理。

猜测在推理中的作用是不言而喻的，甚至可以说推理就是伴随着猜测而生的，而演绎推理与猜测的关系尤其密切。虽然人们在猜测时不一定会采用规范的演绎推理形式，但其中却无不体现着演绎推理的精髓。

有一篇文章对马王堆一号汉墓中发现的女尸的死因进行了推测。其中有一段话是这样写的：

女尸年龄约五十岁左右，皮下脂肪丰满，并无高度衰老现象，不可能是自然死亡。经仔细检查，也未见任何暴力造成的致死创伤，故推测当是病死。但女尸营养状况良好，皮肤未见久卧病床后常见的痔疮，也未见慢性消耗疾病的证据，而且消化道内还见到甜瓜子。这些情况表明，墓主当系因某种急性病或慢性病急性发作，在进食甜瓜后不久死亡。

事实上，这段话就是运用演绎推理对其死因进行推测的：

（1）如果是自然死亡，那么她的皮下脂肪就会衰竭且有高度衰老现象，

　　　　她的皮下脂肪没有衰竭且无高度衰老现象，

　　　　所以，她不是自然死亡。

（2）如果是暴力致死，她身上就会有暴力造成的创伤，

　　　　她身上没有暴力造成的创伤，

　　　　所以，她不是暴力致死。

（3）她或者是自然死亡，或者是暴力致死，或者是病死，

　　　　她不是自然死亡，也不是暴力致死，

　　　　所以，她是病死。

上面3个推理中，前两个都是充分条件假言推理，第3个是选言推理。通过这3个推理，得出了墓主是病死的结论。虽然3个推理的前提都是建立在猜测基础上的，但却都是符合客观事实的，所以都为真。那么，因此推出的结论也就是真的。

（4）如果是慢性疾病致死，她的营养状况就会不好且有慢性消耗病的证据（比如痔疮），

　　　　她的营养状况没有不好且没有慢性消耗病的证据，

　　　　所以，她不是慢性疾病致死。

（5）凡病死的人，要么是慢性疾病致死，要么是急性疾病（含慢性病急性发作）致死，

　　　　不是慢性疾病致死，

所以，是急性疾病（含慢性病急性发作）致死。

在通过充分条件假言推理（4）和选言推理（5）的分析后，得出了墓主是因急性疾病或慢性病急性发作而死的结论。因为前提真实，所以其结论是可信的。

事实上，最为广泛的运用猜测进行推理的还是在刑事侦查中。刑事侦查是指研究犯罪和抓捕罪犯的各种方法的总和。刑事侦查员要力求查明罪犯使用的方法、犯罪的动机和罪犯本人的身份。在这个过程中，对案发现场进行详细勘察后，再根据各种线索对犯罪嫌疑人的特征进行推测无疑是重要的破案方法。众所周知的福尔摩斯无疑就是根据案发现场的各种细微线索进行推测，从而找出犯罪嫌疑人的高手。他曾说："一个逻辑学家不需要亲眼见到或听说过大西洋或尼亚加拉瀑布，他能从一滴水推测出它的存在。"

电视剧《荣誉》中有这么一个情节：

临近春节的一个晚上，公安局接到报案，一个村子的一台重达三百多斤的发电机被盗，林敬东迅速带人赶往现场。对现场仔细勘察后，林敬东确认了盗窃发电机的嫌疑人的特征。经过排除后，确定了赵永力和赵永强兄弟俩的嫌疑最大。但是，经验证，雪地上留下的脚印并非赵永强的而是赵永力的。但林敬东坚持认为案犯一定是他们兄弟俩，他解释说："第一，下雪天偷东西，一定不是惯偷，是初犯。惯偷知道下雪留脚印，不出门，初犯才不知道深浅；第二，过年偷东西，家里一定不富裕，一准儿是真缺钱花，家里还可能有病人；第三，那电机三百多斤重，他一个穷小子，穷得饭都吃不饱，没人帮忙，咋弄走？"

在这里，林敬东进行猜测时也运用了演绎推理：

（1）凡惯犯都不会在雪天行窃，

  他们在雪天行窃，

  所以，他们不会是惯犯。

（2）如果家里富裕，不缺钱花，就不会在过年时偷东西，

  他们在过年时偷东西，

  所以，他们家里不富裕。

（3）如果没有帮手，他就不能偷走 300 多斤重的电机，

他偷走了 300 多斤重的电机，

所以，他有帮手。

这 3 个推理中，第一个推理是直言三段论推理，后两个推理则是充分条件假言推理。需要注意的是，虽然这 3 个推理从形式上看无懈可击，但其大前提都有着一定的问题。因为在这 3 个大前提断定的事物情况中，都有出现例外的可能。也就是说，其前提不必然为真，因此其结论也就不必然为真。比如，推理（3）中，如果存在仅凭一人之力就扛动电机的人，那么该推理就是错误的。事实上，电视剧中的确是赵永力一个人偷走电机的，并且他还当众证明了一个人就能扛动电机的事实。

这就涉及猜测的准确性问题。其实，猜测本身就存在着意外的可能。因为，猜测虽然是在经验的基础上并依据了一定的事实进行的，但是毕竟都是理论上的可能性。不管可能性有多大，都不等于事实。仅凭猜测断定事实就是把偶然性当做了必然性，把可能情况当做了必然事实。

风靡全球的美国电视剧《Lietome》（中文译名《别对我说谎》或《千谎百计》）中，主人公 Lightman 博士就是根据人脸上出现的细微表情和身体其他部位的细微动作来确定其真实情绪或态度的。比如，嘴角单侧上扬表示轻视；笑时只有嘴和脸颊变化，而没有眼睛的闭合动作就表示是假笑；不经意地耸肩、搓手或者扬起下嘴唇则表示说谎，等等。这种根据人的细微表情或细微反应判断人的真实情绪或态度的方法都是通过猜测进行的演绎推理来实现的。比如：

如果一个人没有不经意地耸肩、搓手或者扬起下嘴唇，就表示他没有说谎，

他说谎了，

所以，他有不经意地耸肩、搓手或者扬起下嘴唇。

不可否认，这种观察或者判断是建立在一定的实际经验和科学研究的基础上的。但是，同样不可否认，仅凭这些细微表情就完全断定一个人的真实情绪或态度也是缺乏可靠性的。或许，将

其作为一种参考或者辅助性手段才是恰当的选择。

那么，如何提高依据猜测进行推理而得出的结论的可靠性呢？答案是实事求是。只有坚持实事求是的态度，根据客观实际来进行猜测、判断、推理，才能尽可能地得到可靠的结论。正如林敬东告诫自己的："别以为自己什么都成，尊重事实，才能无案不破。"

## 充分条件假言推理

### 假言推理的含义

假言推理就是以假言判断为大前提，并根据假言判断前、后件的关系进行推演的复合判断推理。最常见的假言推理结构是以一个假言判断为大前提，以一个直言判断为小前提，并推出一个直言判断作为结论。比如：

（1）如果他是凶手，就一定有作案时间，

　　　他是凶手，
　　　―――――――――――――
　　　所以，他有作案时间。

（2）我们只有建立抗日民族统一战线，才能团结一切可以团结的力量，

　　　我们没有建立抗日民族统一战线，
　　　―――――――――――――――――――――
　　　所以，我们不能团结一切可以团结的力量。

这是两个假言推理，大前提都是一个假言判断，小前提和结论都是直言判断；推理（1）是根据前件"他是凶手"和后件"一定有作案时间"之间的关系进行推理的；推理（2）则是根据前件"建立抗日民族统一战线"和后件"团结一切可以团结的力量"之间的关系进行推理的。

根据假言判断的不同，假言推理可以分为充分条件假言推理、必要条件假言推理和充分必要条件假言推理。上面的推理（1）即是充分条件假言推理，推理（2）即是必要条件假言推理。

### 充分条件假言推理

1. 充分条件假言推理的含义和规则

充分条件假言推理就是以充分条件假言判断为大前提，并根

据充分条件假言判断前、后件的关系进行推演的复合判断推理。

根据充分条件假言判断的逻辑性质可知，当且仅当前件为真、后件为假时，充分条件假言判断才为假。这就是说，对于一个真的充分条件假言判断，当前件为真时，后件也必为真；当后件为假时，前件必为假；但是当前件为假时，后件则真假不定。

由此可知，要保证充分条件假言推理有效，必须遵循下面两条规则：

第一，肯定前件就要肯定后件，否定前件则不必然否定后件；

第二，肯定后件不必然肯定前件，否定后件就要否定前件。

2. 充分条件假言推理的形式

由充分条件假言推理的两条规则，可以得出它的 4 种推理形式：

肯定前件式：以充分条件假言判断为大前提，以小前提肯定大前提的前件，结论则肯定大前提的后件。比如：

（1）如果他是凶手，就一定有作案时间，

他是凶手，
_____

所以，他一定有作案时间。

（2）一旦河堤决口，后果就会不堪设想，

河堤决口了，
_____

所以，后果不堪设想。

上面两个充分条件假言推理中，推理（1）中，小前提肯定了大前提的前件，即"他是凶手"，从而推出大前提的后件"他一定有作案时间"为结论；推理（2）中，小前提肯定了大前提的前件"河堤决口"，从而推出大前提的后件"后果不堪设想"为结论。

我们前面讲过，充分条件假言判断可以表示为"如果 $p$，那么 $q$，即：$p \rightarrow q$"。那么，充分条件假言推理的肯定前件式就可以表示为：

如果 $p$，　　　　　　那么 $q$，$p \rightarrow q$，

$p$，　　　　　即：　　$p$，
_____　　　　　_____

所以，$q$。　　　　　　　$q$。

也可表示为：$(p \rightarrow q) \wedge p \rightarrow q$。

否定后件式：以充分条件假言判断为大前提，以小前提否定大前提的后件，结论则是对大前提的前件的否定。比如：

（1）如果他是凶手，就一定有作案时间，

　　　他没有作案时间，

　　　所以，他不是凶手。

（2）一旦河堤决口，后果就会不堪设想，

　　后果没有不堪设想，

所以，河堤没有决口。

上面两个充分条件假言推理中，推理（1）中，小前提否定了大前提的后件，即"他没有作案时间"，从而推出结论，即对大前提前件的否定："他不是凶手"；推理（2）中，小前提否定了大前提的后件，即"后果没有不堪设想"，从而推出结论，即对大前提前件的否定："河堤没有决口"。

充分条件假言推理的否定后件式可以表示为：

如果 p，那么 q，　　　　　　　　　　　$p \rightarrow q$，

非 q，　　　　　　　即：　　　　　　$\neg q$，

所以，非 p。　　　　　　　　　　　　$\neg p$。

也可表示为：$(p \rightarrow q) \wedge \neg q \rightarrow \neg p$。

肯定后件式：以充分条件假言判断为大前提，以小前提肯定大前提的后件，结论则是对大前提的前件的肯定。其逻辑形式可以表示为：

如果 p，那么 q，　　　　　　　　　　　$p \rightarrow q$，

q，　　　　　　　　　即：　　　　　　q，

所以，p。　　　　　　　　　　　　　　p。

也可表示为：$(p \rightarrow q) \wedge q \rightarrow p$。

但是，根据"肯定后件不必然肯定前件"的规则，可知结论既可以是对前件的肯定，也可以是对前件的否定。所以，这个推理形式违反了充分条件假言推理的规则，不能推出必然结论，因而是无效的。比如：

（1）如果他是凶手，就一定有作案时间，

　　　他有作案时间，

　　　　所以，他是凶手。

（2）一旦河堤决口，后果就会不堪设想，

　　　后果不堪设想了，

　　　所以，河堤决口了。

　　推理(1)中，小前提肯定了大前提的后件，即"他有作案时间"，因而得出了"他是凶手"（对大前提前件的肯定）的结论。但是，从常识判断，任何人都有作案时间，但却并一定是凶手。因此这个结论不是必然结论，这个推理也是无效的。推理（2）中，肯定"后果不堪设想了"，但是引起不堪设想的后果的事情是很多的，并非一定是"河堤决口了"。所以，这个结论也不是必然结论，这个推理也是无效的。

　　否定前件式：以充分条件假言判断为大前提，以小前提否定大前提的前件，结论则是对大前提的后件的否定。其逻辑形式可以表示为：

如果 p，那么 q，　　　　　　　　p → q，

非 p，　　　　　即：　　　　　¬p，

所以，非 q。　　　　　　　　　　¬q。

也可表示为：（p → q）∧ ¬p → ¬q。

　　不过，根据"否定前件则不必然否定后件"的规则，可知结论既可否定后件，也可肯定后件。所以，这个推理形式违反了充分条件假言推理的规则，不能推出必然结论，因而也是无效的。比如：

（1）如果他是凶手，就一定有作案时间，

（2）一旦河堤决口，后果就会不堪设想，

　　　他不是凶手，

河堤没有决口，

　　　所以，他一定没有作案时间。

　　所以，后果没有不堪设想。

　　显然，不是凶手并非一定没有作案时间，正如上面所分析的，任何人都可能有作案时间，但却并不能说任何人都是凶手，因此推理（1）的结论不是必然得出的；同样，河堤没有决口也不一

定代表后果没有不堪设想，也可能会有其他原因导致不堪设想的后果，因此推理（2）的结论也不是必然得出的。所以，这两个推理都是无效的。

通过上面的分析，我们可以得出在充分条件假言推理的 4 种形式中，肯定后件式和否定前件式都是无效的，只有肯定前件式和否定后件式是有效的。因此，充分条件假言推理的两个有效式就是：

（1）（p→q）∧ p→q;

（2）（p→q）∧ ¬q→¬p。

# 第五章　归纳逻辑思维

## 什么是归纳推理

《韩诗外传》中记载有这么一个故事：

魏文侯问狐卷子曰："父贤足恃乎？"对曰："不足。""子贤足恃乎？"对曰："不足。""兄贤足恃乎？"对曰："不足。""弟贤足恃乎？"对曰："不足。""臣贤足恃乎？"对曰："不足。"文侯勃然作色而怒曰："寡人问此五者于子，一一以为不足者，何也？"对曰："父贤不过尧，而丹朱（尧之子）放（流放）；子贤不过舜，而瞽瞍（舜之父）拘（拘禁）；兄贤不过舜，而象（舜之弟）傲（傲慢）；弟贤不过周公，而管叔（周公之兄）诛；臣贤不过汤、武，而桀、纣伐（被讨伐）。望人者不至，恃人者不久。君欲治，从身始，人何可恃乎？"

在这则故事中，魏文侯向狐卷子连续发问父、子、兄、弟和臣子是否足以依靠，狐卷子均答曰"不足"，并通过一系列不可否认的事实证明了自己的观点，最后得出"君欲治，从身始，人何可恃乎"的结论。这就是归纳推理的运用。

### 归纳推理的含义

归纳推理就是以个别性认识为前提推出一般性认识为结论的推理。个别就是单个的、特殊的事物，一般则是与个别相对的、普遍性的事物。个别与一般相互联结，一般存在于个别之中。个别和一般是相互依存、不可分割的。从一般的、特殊的认识推出一般的、普遍的认识，是人们认识事物的重要途径，也是归纳推理的基础。比如，"云彩往南水连连，云彩往北一阵黑；云彩往东一阵风，云彩往西披蓑衣"就是人们根据云彩运动方向的不同而归纳出来的天气情况；"能被 2 整除的数是偶数，不能被 2 整除的数是奇数"是根据数与 2 是否整除的关系归纳出的偶数和奇数的性质。再比如：

汉语是中国人最重要的交际工具，

英语是英、美等国人最重要的交际工具，

德语是德国人最重要的交际工具，

俄语是俄罗斯人最重要的交际工具，

……

（汉语、英语、德语、俄语等是语言的部分对象），

所以，语言是人类最重要的交际工具。

上面这个推理就是根据人们对各种具体语言的个别性认识推导出对语言这个整体的一般性认识的归纳推理。

我们在开头讲述的那个故事中的归纳推理也可以这样表示：

父贤不过尧，而丹朱放，所以父贤不足恃，

子贤不过舜，而瞽瞍拘，所以子贤不足恃，

兄贤不过舜，而象傲，所以兄贤不足恃，

弟贤不过周公，而管叔诛，所以弟贤不足恃，

臣贤不过汤、武，而桀、纣伐，所以臣贤不足恃，

（父子、兄弟、臣子等是人的部分对象），

所以，任何人都不足恃，治理国家还是要靠自己。

这也是由对"父、子、兄、弟和臣子不足恃"的个别认识而归纳出"任何人都不足恃"的一般认识的归纳推理。

### 归纳推理的种类和特点

#### 1. 归纳推理的种类

根据归纳推理考察对象范围的不同，归纳推理可以分为完全归纳推理和不完全归纳推理。简单地说，完全归纳推理就是对某类事物的全部对象具有或不具有某种属性做考察的推理。比如：

《红楼梦》是长篇章回体小说，

《三国演义》是长篇章回体小说，

《水浒传》是长篇章回体小说，

《西游记》是长篇章回体小说，

（《红楼梦》《三国演义》《水浒传》和《西游记》是中国四大古典文学名著），

所以，中国四大古典文学名著是长篇章回体小说。

不完全归纳推理是只对某类事物的部分对象具有或不具有某种属性做考察的推理。我们在前面举的关于"语言"和"任何人都不足恃"的推理都是不完全归纳推理。

此外，根据前提是否揭示考察对象与其属性间的因果联系，不完全归纳推理又可以分为简单枚举归纳推理和科学归纳推理。其中，简单枚举归纳推理只是根据经验观察而归纳出结论的推理，科学归纳推理则是在经验基础上借助科学分析推出结论的推理。

2. 归纳推理的特点

根据上面对归纳推理的分析，可以总结出归纳推理的几个特点：

第一，从个别性或特殊性认识推出一般性或普遍性认识；

第二，除完全归纳推理外，前提不蕴涵结论，结论断定的范围超出前提断定的范围；

第三，除完全归纳推理外，归纳推理是或然推理，其结论不是必然的；

第四，除完全归纳推理外，即使归纳推理的前提都真，结论也未必真实。看下面一则故事：

有一次，苏东坡去拜访王安石，恰巧王安石不在。苏东坡闲等之际，看到王安石桌上的一张纸上写着两句诗："西风昨夜过园林，吹落黄花满地金。"墨迹尚新，显然是刚写的；只有两句，可见是未完之作。苏东坡看到这两句诗，不禁暗笑：菊花最能耐寒，从来只有枯萎的菊花，哪有随风飘落满地的菊花呢？于是提笔续写道："秋花不比春花落，说与诗人仔细吟。"然后转身离去。后来苏东坡被贬黄州，重阳赏菊之日，看到满园菊花纷纷飘落，一地灿烂，枝上竟无半朵，这才知道王安石那两句诗并没有错，只是自己见识不足而已。

在这则故事中，苏东坡根据他历来所见过的菊花都是枯萎而没有飘落的前提，归纳出"所有的菊花都是枯萎而不是飘落"这一错误结论，所以他才嘲笑王安石的诗错了。可见，前提的真实并不一定能推出真实的结论。

**归纳推理与演绎推理的关系**

1. 归纳推理与演绎推理的联系

归纳推理与演绎推理作为两种重要的推理方法，有着密切的联系。

第一，归纳推理所得出的一般性认识是进行演绎推理的前提。人们的认识过程一般都是从个别、特殊的认识总结出一般性、普遍性的认识，然后再从一般性、普遍性认识出发，去认识个别的、特殊的事物。因此，在归纳推理经过对事物对象的考察，得出具有一般性的认识后，演绎推理就能以之为前提进行进一步的推理了。比如：

汉语是中国人最重要的交际工具，英语是英、美等国人最重要的交际工具……所以，语言是人类最重要的交际工具。

这是归纳推理，我们可以将它的结论"语言是人类最重要的交际工具"作为演绎推理的前提进行推理：

语言是人类最重要的交际工具，日语是日本人的语言，所以，日语是日本人最重要的交际工具。

第二，演绎推理可以进一步论证归纳推理的结论。归纳推理的结论是人们通过对个别性、特殊性认识归纳而来的，即便是前提都真，结论也未必真实。这时候就可以通过演绎推理对其结论进行进一步论证，以验证其结论是否真实。比如，如果以"语言是人类最重要的交际工具"这个结论为前提，推导出了某个结论属于"语言"，但又不是"人类最重要的交际工具"，那么就可以证明该归纳推理的结论不真实。事实上，演绎推理以归纳推理的结论为前提进行推理的同时也是在验证其真实性。

总之，归纳推理与演绎推理虽然是不同的推理方法，但却依据各自性质和特点互相补充，紧密地联系在一起，共同为人们正确地认识客观事物服务。

2.归纳推理与演绎推理的区别

第一，二者的思维进程不同。归纳推理是从个别性或特殊性认识归纳推导出一般性或普遍性认识，而演绎推理则是从一般性或普遍性认识演绎推导出个别性或特殊性认识，其思维进程正好相反。

第二，二者的前提和结论的关系不同。除完全归纳推理外，归纳推理的前提和结论不具有必然联系，也就是说其前提不必然推出结论；而且，即便前提都真，归纳推理的结论也未必真。演绎推理的前提与结论具有必然关系，而且在遵循有关推理规则的前提下，真实的前提必然可以得出真实的结论。

第三，二者的结论断定的范围不同。除完全归纳推理外，归纳推理的前提不蕴涵结论，所得结论断定的范围超出前提断定的范围；而演绎推理的结论断定的范围则没有超出其前提断定的范围。

第四，二者研究的侧重点不同。归纳推理主要研究的是其前提对所得结论的支持度，即结论在多大程度上为真；而演绎推理研究的则主要是推理形式的有效性。

在逻辑史上，曾形成了归纳派和演绎派两大派别的论战。归纳派以法国哲学家、物理学家、数学家和生理学家笛卡儿为代表，认为归纳推理是科学研究唯一正确的工具，因为演绎推理的前提并非自然而生，而是通过归纳推理而得的。演绎派以英国哲学家、思想家、作家和科学家培根为代表，认为演绎推理才是科学研究的正确工具，因为归纳推理的结论不必然真实，以不必然真实的结论为前提自然不能推出必然真实的结论。不过，到后来，逻辑学家们都普遍认为，归纳推理和演绎推理都是重要的推理方法，二者互相补充，缺一不可。只有正确认识归纳推理和演绎推理的联系与区别，并将其有机结合起来，才能更好地进行科学研究。

作为一种重要的思维形式和推理方法，归纳推理在人们认识客观事物的过程中有着极其重要的作用。在数学、物理、化学等各学科中，归纳推理都有着出色的表现，在科学发现上的功劳更是有目共睹。总之，人们通过运用这种从个别到一般、从特殊到普遍的认识方法，概括总结出了一系列重要知识，为科学研究奠定了基础。

## 完全归纳推理

### 完全归纳推理的含义

完全归纳推理是根据某类事物的每一个对象都具有或不具有某种属性，推出该类事物全都具有或不具有该属性的推理。

有"数学王子"之称的德国著名数学家高斯读小学时，就表现出了超人的才智。一次，在一节数学课上，老师给大家出了道题："从 1+2+3……+98+99+100 等于多少？"老师心想，学生们要算出这 100 个数之和，大概得花不少时间呢。谁知他刚想到这里，高斯就举手报出了结果：5050。老师惊讶不已，问他为什么这么快就算出来了。高斯答道："1+100=101，2+99=101，3+98=101……这样到 50+51=101 一共可以得出 50 个 101，用 50 乘以 101 就得出答案了。"听完高斯的解释，老师、同学都赞叹不已。

在这里，高斯就运用了完全归纳推理，即：

1+100=101，

2+99=101，

3+98=101，

……

50+51=101，

（1 到 100 是所给题目的全部对象），

所以，100 数中所有各个相应的首尾两数之和都等于 101。

在这个归纳推理中，高斯就是通过断定这 100 个数中"1+100，2+99 到 50+51"这每个对象都具有"等于 101"的属性，归纳推出"100 数中所有各个相应的首尾两数之和都等于 101"这个一般性结论的。正是根据这个结论，高斯很快就算出了结果，显示了他无与伦比的数学天赋。再比如：

期中考试中，小明的平均成绩不到 80 分，

期中考试中，小光的平均成绩不到 80 分，

期中考试中，小红的平均成绩不到 80 分，

期中考试中，小灵的平均成绩不到 80 分，

（小明、小光、小红和小灵是二班一组的全部成员），

所以，期中考试中，二班一组的平均成绩不到 80 分。

这个归纳推理是通过断定二班一组的每个成员（小明、小光、小红和小灵）的平均成绩都不具有"80 分"这一属性，推出"二班一组的平均成绩"不具有"80 分"这个一般性结论的。

**完全归纳推理的形式和规则**

通过以上两例的分析，我们可以得出完全归纳推理的形式：

S1 是（或不是）P，

S2 是（或不是）P，

S3 是（或不是）P，

……

Sn 是（或不是）P，

S1、S2……Sn 是 S 类的全部对象，

所以，所有 S 都是（或不是）P。

要保证完全归纳推理的有效性，需要遵循以下几条规则：

第一，推理前提必须是对某类事物任何个体对象的断定，不能有任何遗漏。

"完全"就是指全部。如果在考察某类事物对象时，遗漏了某个或某一部分对象，那么这个推理就不再是完全归纳推理，所得结论也就不一定为真。看下面一则幽默故事：

约翰："我买任何产品都要先试用一下。"

推销员："是的，先生。有些产品的确可以而且也应该试用一下，但有些大概不能吧。"

约翰："为什么不能？现在连婚姻都可以试，还有什么产品不能试呢？"

推销员："您说的没错，先生。不过，我还是觉得……"

约翰："不让试用的话，我坚决不购买你们的产品。"

推销员："如果您执意如此，那好吧。"

约翰："这就对了。顾客就是上帝，你们应该尽量满足顾客的要求。对了，你们公司生产的是什么产品？"

推销员："骨灰盒，先生。"

在这个故事中，约翰由自己买任何产品都必须要试用一下归纳推导出"所有产品都可以试用"的结论。但是，在前提中却遗漏了"骨灰盒"这一不能试用的产品，因而得出了错误的结论。这则故事也就是运用了这一点达到幽默效果的。

第二，推理前提的每个判断必须全都是真实的。

如果前提中有任何一个判断不真，那么结论就会是错误的。比如，在前面提到的高斯的故事中，如果从 1 到 100 中，有两个相应的数首尾相加不等于 101，那么高斯的结论就会是错误的，计算结果也会是错误的。

第三，所考察的事物对象数量应该是有限的且有可能对其一一考察。

只有对该类事物中的所有对象进行考察，才可能确认结论的真实性。如果所考察的对象数量上是无穷的，或者根本无法一一考察，那么它就不适用完全归纳推理。比如，如果对 10 只乌鸦进行考察，得知它们都是黑色的，从而推出"这十只乌鸦都是黑色的"则是正确的推理；如果由此得出"天下所有的乌鸦都是黑色的"就不是完全归纳推理，因为"天下所有的乌鸦"的数量既不确定，也无法进行一一考察。

第四，推理前提中所有判断的谓项必须是同一概念，联项必须完全相同。

谓项就是指完全归纳推理形式中的"P"，构成前提的所有判断的谓项必须是一样的。比如，在"二班一组的平均成绩不到 80 分"这个完全归纳推理中，如果其中一个前提的平均成绩高于 80 分了，那么这个结论就是错误的。联项则是表示事物对象"具有或不具有"某种属性的概念。对于前提中所考察的事物对象，要么是都具有某种属性，要么是都不具有某种属性，有任何一个例外，都推不出必然结论。

### 完全归纳推理的特征

根据完全归纳推理的含义、形式和规则，我们可以总结出它的两大特征。

第一，完全归纳推理的前提涵盖了所考察事物的全部对象。因为完全归纳推理是通过对某类事物的每个个别对象进行断定后推出结论的，结论和前提都涵盖了该类事物的全部，因此其结论断定的范围没有超出前提断定的范围。看下面这段话：

我不是很想你，我只是白天想你，晚上也想你；

我不是很想你，我只是在发呆的时候想你，没有发呆的时候也想你；

我不是很想你，我只是在工作的时候想你，不工作的时候也想你；

我不是很想你，我只是醒着的时候想你，睡着的时候想你，半睡半醒的时候也想你；

我真的没有很想你，我只是……

在这段话中，虽然"我"说的是"不是很想你"，但实际上是在表明"我在一刻不停地想你"，并且是通过完全归纳推理的方法来说明的。比如：

| 我白天想你，| 我发呆的时候想你， |
|---|---|
| 我晚上也想你，| 我没有发呆的时候也想你， |
| （白天、晚上是时间的全部），| （发呆和没有发呆的时候涵盖了时间的全部）， |
| 所以，我在一刻不停地想你。| 所以，我在一刻不停地想你。 |

对于其他几句话，也可以做类似的推理。因为"一刻不停"等于"时间的全部"，所以完全归纳推理的结论断定的范围没有超出前提断定的范围。

第二，完全归纳推理是必然性推理，只要前提真实，推理形式正确，就必然可以得出真实可靠的结论。

### 完全归纳推理的作用

完全归纳推理最重要的作用就是让人们的认识从个别上升到一般，从特殊上升到普遍。完全归纳推理是在对某类事物全部个别对象认识的基础上得出对该类事物的一般性认识的，这既是人们深化对客观事物认识的一种重要途径，也是人们在自然科学、社会科学的研究工作中常用的方法。

此外，完全归纳推理也是人们说明问题、论证思想的重要手段。在日常生活中，人们可以通过完全归纳推理的运用，直观地说明问题，或有力地论证自己的思想。比如在辩论中，就可以通过运用排比手法对某类事物个别对象所具有属性进行阐述，从而归纳出一个具有一般性认识的观点来论证自己一方的看法。

## 不完全归纳推理

### 不完全归纳推理的含义和形式

从一个袋子里摸出来的第一个是红玻璃球，第二个是红玻璃球，甚至第三个、第四个、第五个都是红玻璃球的时候，我们立刻会出现一种猜想："是不是这个袋里的东西全部都是红玻璃球？"但是，当我们有一次摸出一个白玻璃球的时候，这个猜想失败了。这时，我们会出现另一种猜想："是不是袋里的东西全都是玻璃球？"但是，当有一次摸出来的是一个木球的时候，这个猜想又失败了。那时，我们又会出现第三个猜想："是不是袋里的东西都是球？"这个猜想对不对，还必须继续加以检验，要把袋里的东西全部摸出来，才能见个分晓。

这是我国著名数学家华罗庚在他的《数学归纳法》一书中的一段话，它形象地阐述了不完全归纳推理的特点。其中，出现的3种猜想都是对不完全归纳推理的运用，且以第一种猜想为例：

摸出的第一个东西是红玻璃球，

摸出的第二个东西是红玻璃球，

摸出的第三个东西是红玻璃球，

摸出的第四个东西是红玻璃球，

摸出的第五个东西是红玻璃球，

（摸出的这5个东西是袋子里的部分东西），

所以，这个袋子里的东西都是红玻璃球。

当然，对第二种、第三种猜想也可以进行类似的分析。这就是不完全归纳推理。

所谓不完全归纳推理是根据某类事物的部分对象都具有或不具有某种属性，推出该类事物全都具有或不具有该属性的推理。比如上面的推理中，根据从袋子里摸出的 5 个东西都具有"红玻璃球"的属性的前提推出了"这个袋子里的东西"都具有"红玻璃球"的属性的结论。

不完全归纳推理的前提只对某类事物的部分对象作了断定，而结论则是对全部对象所做的断定。因此，不完全归纳推理的结论断定的范围超出了前提断定的范围，是或然性推理。其形式可以表示为：

S1 是（或不是）P，

S2 是（或不是）P，

S3 是（或不是）P，

……

Sn 是（或不是）P，

（S1、S2……Sn 是 S 类的部分对象），

所以，所有 S 都是（或不是）P。

**不完全归纳推理的种类**

我们前面讲过，根据前提是否揭示考察对象与其属性间的因果联系，不完全归纳推理可以分为简单枚举归纳推理和科学归纳推理。这是不完全归纳推理的两种基本类型。

1. 简单枚举归纳推理

简单枚举归纳推理的含义和形式

简单枚举归纳推理是在经验的基础上，根据某类事物的部分对象都具有或不具有某种属性，在没有遇到反例的前提下推出该类事物全都具有或不具有该属性的推理，也叫简单枚举法。我们上面提到的"红玻璃球"的推理就是简单枚举归纳推理。再比如：

液化不会改变物质的性质，

汽化不会改变物质的性质，

凝固不会改变物质的性质，

结晶不会改变物质的性质，

液化、汽化、凝固和结晶是物理反应的部分对象，

并且没有遇到反例，

所以，物理反应不会改变物质的性质。

简单枚举归纳推理的形式可以表示为：

S1 是（或不是）P，

S2 是（或不是）P，

S3 是（或不是）P，

……

Sn 是（或不是）P，

（S1、S2……Sn 是 S 类的部分对象，并且没有遇到反例），

所以，所有 S 都是（或不是）P。

正确运用简单枚举归纳推理

作为不完全归纳推理的一种，简单枚举归纳推理的结论断定的范围也超出了其前提断定的范围，而且简单枚举归纳推理是建立在经验的基础上的。因此，简单枚举归纳推理很容易出现错误。比如，"守株待兔"这一故事中的"宋人"根据"兔走触株，折颈而死"这仅有一次的情况就得出"兔子都会触株而死"这一结论，从而"释其耒而守株，冀复得兔"。这就犯了"轻率概括"的错误。

此外，在进行简单枚举归纳推理时，还很容易犯"以偏概全"的错误。比如：

小王为图便宜花50块钱买了件衣服，但只洗过一次就变形了；后来他又用30块钱买了一双鞋，穿了不久鞋底就开胶了。于是他见人就说："便宜没好货，以后再也不买便宜货了。"

在这里，小王也使用了简单枚举归纳推理。即：

买的衣服是便宜货，质量不好，

买的鞋子是便宜货，质量不好，

（这衣服和鞋子是便宜货的部分对象，并且没有反例），

所以，便宜货质量不好。

在这里，这个推理形式没什么错误，但仅以两次经验就得出"便宜货质量不好"的结论无疑是犯了"以偏概全"的错误。

那么，如何提高简单枚举归纳推理的有效性，得出尽量可靠的结论呢？

第一，通过寻找反例来验证结论的可靠性。有时候，没有遇到反例不等于不存在反例，比如小王在"便宜货质量不好"的判断上，虽然自己没有遇到反例，但显而易见反例是肯定存在的。简单枚举归纳推理成立的前提就在于没有遇到反例，如果一旦出现了反例，那么该推理也必然是错误的。所以，在推理过程中可以通过寻找反例来验证其结论的可靠性。

第二，通过增多考察对象的数量、拓宽考察对象的范围来提高结论的可靠性。显然，一个简单枚举归纳推理的前提所涵盖的对象的数量越多、范围越广，得到的结论的可靠性就越高。因为，每增多一个前提，就多了一个证明结论可靠的证据。证据越多，可靠性越强。所以，增多考察对象的数量、拓宽考察对象的范围是提高结论的可靠性的重要手段。

简单枚举归纳推理的作用

在日常生活中，简单枚举归纳推理是对一些经常重复性出现的一些现象、问题、情况等进行初步概括的重要手段。通过不断积累的经验，人们往往能初步总结出这些现象、问题、情况的规律，形成最直观的认识。而这些认识，是人们更深一步认识事物的基础。比如，"二十四节气歌"就是古代人民在经验基础上运用简单枚举归纳推理得出的结论。

同时，简单枚举归纳推理也是人们进行科学研究的重要方法。科学研究一般都是在大量的观察和实验基础上获得第一手资料的，而简单枚举归纳推理正好为它提供了进行初步研究必需的基础性知识。可以说，简单枚举归纳推理是科学研究的得力助手。

2.科学归纳推理

科学归纳推理的含义和形式

科学归纳推理是根据某类事物的部分对象与某属性之间的必

然联系，在科学分析的基础上推出该类事物全都具有或不具有该属性的推理，也叫科学归纳法。所谓的"必然联系"，一般是指所考察的对象与某种属性间的因果关系。比如：

钠与氧在燃烧条件下反应会生成新物质，

锂与氧在燃烧条件下反应会生成新物质，

钾与氧在燃烧条件下反应会生成新物质，

氢与氧在燃烧条件下反应会生成新物质，

钠、锂、钾、氢与氧的反应是化学反应的一部分；

因为在燃烧中，分子破裂成原子，原子重新排列组合，从而生成新物质，

所以，化学反应会生成新物质。

这个推理中，首先知道了"钠、锂、钾、氢与氧的反应"具有"生成新物质"的属性；而后通过科学分析（即在燃烧中，分子破裂成原子，原子重新排列组合，从而生成新物质）知道了"钠、锂、钾、氢与氧的反应"与"生成新物质"之间的因果关系，从而推出了"化学反应会生成新物质"的结论。这就是科学归纳推理的运用。

科学归纳推理的形式可以表示为：

S1 是（或不是）P，

S2 是（或不是）P，

S3 是（或不是）P，

……

Sn 是（或不是）P，

（S1、S2……Sn 是 S 类的部分对象，并且 S 与 P 具有必然联系），

所以，所有 S 都是（或不是）P。

正确运用科学归纳推理

与简单枚举归纳推理相比，科学归纳推理无疑是更为可靠、应用也更为广泛的推理形式。这是因为，科学归纳推理已经不仅仅是根据经验得出的结论，而是对由经验得出的结论再进行科学分析而得出的对事物更深一层的认识。因此，不管是在日常生活中还是在科学研究中，科学归纳推理都有着重要作用。

那么，如何提高科学归纳推理的有效性，得出尽量可靠的结论呢？

科学归纳推理的结论在多大程度上可靠取决于考察对象与其属性之间的关系，所以，找出考察对象与其属性之间的必然联系是提高科学归纳推理结论的可靠性的根本。我们可以通过求同法、求异法、求同求异并用法、共变法和剩余法来分析它们之间的关系。在下一章我们会对这几种方法详细介绍，在此不再赘述。

3. 简单枚举归纳推理和科学归纳推理的关系

简单枚举归纳推理和科学归纳推理都属于不完全归纳推理，它们的前提都是只对某类事物的部分对象进行考察；同时，它们都是通过断定部分对象具有或不具有某种属性推出该事物的全部对象具有或不具有该属性的，所以其结论断定的范围都超出了前提断定的范围。这是它们相同的地方。它们的区别主要表现在以下几个方面：

第一，它们推出结论的根据不同。简单枚举归纳推理主要是以经验为基础，通过对某类事物的重复性观察而认识事物；而科学归纳推理则是在科学分析的基础上，对考察对象与其属性之间的关系进行探讨，从而推出结论的。

第二，它们所得结论的可靠性不同。简单枚举归纳推理的结论以经验为基础，以没有遇到反例为成立的条件，这就注定了它在可靠性上的不足，大多数时候只有参考价值；而科学归纳推理的结论则是在对考察对象与其属性之间的必然关系进行科学分析的基础上得出的，显然比简单枚举归纳推理的结论可靠得多。

第三，它们对前提的要求不同。对简单枚举归纳推理来说，前提所断定的考察对象的数量越多、范围越广，其结论就越可靠；而对科学归纳推理来说，前提中考察对象与其属性之间的必然关系才是其结论可靠性的重要保证，而考察对象的数量与范围则是次要的。

**完全归纳推理与不完全归纳推理的区别**

完全归纳推理与不完全归纳推理作为归纳推理的两种基本类型，有一定的相似之处，比如都是根据某类事物中的对象具有或不具有某种属性推出该事物全都具有或不具有该属性；都是从对事物的个别性认识推出一般性认识的。但是，它们之间的区别更为明显，主要表现在：

第一，考察对象的范围不同。完全归纳推理考察的是某类事物的全部对象，而不完全归纳推理考察的则是某类事物的部分对象；

第二，结论与前提的关系不同。完全归纳推理的结论断定的范围没有超出前提断定的范围；而不完全归纳推理的结论断定的范围则超出了前提断定的范围；

第三，结论的可靠性不同。只要前提为真，推理形式正确，完全归纳推理的前提必然推出真的结论，是必然性推理；而不完全归纳推理则是或然性推理，即便前提都为真，结论也未必真。

只有明确了完全归纳推理和不完全归纳推理的联系与不同，才能在科学研究、说明问题或论证思想时正确运用它们。而且，在适当的时候采取不同的归纳推理形式，取长补短，互相辅助，也更有助于人们认识客观事物。

## 类比推理

### 类比推理的含义

《庄子·杂篇》中有一则"庄子借粮"的故事：

庄子家境贫寒，于是向监河侯借粮。监河侯说："行啊，等我收取封邑的税金，就借给你三百金，好吗？"庄子听了愤愤地说："我昨天来的时候，看到有条鲫鱼在车轮碾过的小坑洼里挣扎。我问它怎么啦，它说求我给他一升水救命。我对它说：'行啊，我将到南方去游说吴王、越王，引西江之水来救你，好吗？'鲫鱼听了愤愤地说：'你现在给我一升水我就能活下来了，如果等你引来西江水，我早在干鱼店了！'"

在这则故事中，庄子用鲫鱼的处境和自己的处境做类比：鲫鱼急需水救命，庄子急需粮食救命；等引来西江水鲫鱼早就渴死了，等监河侯收取税金自己早就饿死了。通过这种类比，庄子表达了自己对监河侯为富不仁的愤怒。这就是类比推理。

类比推理就是根据两个或两类事物在某些属性上相同或相似，推出它们在另外的属性上也相同或相似的推理。当然，这些属性指的是事物的本质属性，而不是表面属性。其推理形式可以表示为：

A事物具有属性a、b、c、d，

B事物具有属性a、b、c，

所以，B事物也具有属性d。

在这里，A、B表示两个（或两类）做类比的事物；a、b、c表示A、B事物共有的相同或相似的属性，叫做"相同属性"；d是A事物具有从而推出B事物也具有的属性，叫做"类推属性"。比如，上面的故事就可用类比推理的形式表示：

鲫鱼急需水，却要等到西江水来才能得水，那时鲫鱼早已死去，

庄子急需粮，却要等到收取税金后才能得粮，

所以，那时庄子也早已死去。

德国哲学家莱布尼茨说："自然界的一切都是相似的。"这就是说，在客观世界中，客观事物之间存在着同一性和相似性，而这正是类比推理的客观基础。两个完全没有联系和相似之处的事物是无法进行类比推理的，只有两个或两类事物具有某些相同或相似的属性，才能将它们放在一起做类比。

**类比推理的种类**

根据推理方法的不同，类比推理可以分为正类比推理、反类比推理、合类比推理以及模拟类比推理。

1.正类比推理

正类比推理是根据两个或两类事物具有某些相同或相似的属性，再根据其中某个或某类事物还具有其他属性，从而推出另一个或一类事物也具有其他属性的推理。正类比推理也叫同性类比推理，其逻辑形式可以表示为：

A事物具有属性a、b、c、d，

B 事物具有属性 a、b、c，

所以，B 事物也具有属性 d。

我们上面提到的"庄子借粮"的故事就属于正类比推理。此外，传说鲁班就是根据雨伞与荷叶的相似性运用正类比推理发明雨伞的：荷叶是圆的，叶面布满叶脉，并且有叶茎。于是鲁班把羊皮剪成圆形，作为伞面；把竹竿劈成细竹条，作为支架；再用一根木棍儿来固定支架。已知荷叶顶在头上可以避雨，所以伞也可以避雨。

2. 反类比推理

反类比推理是根据两个或两类事物不具有某些属性，再根据其中某个或某类事物还不具有其他属性，从而推出另一个或一类事物也不具有其他属性的推理。反类比推理也叫异性类比推理，其逻辑形式可以表示为：

A 事物不具有属性 a、b、c、d，

B 事物不具有属性 a、b、c，

所以，B 事物也不具有属性 d。

看下面这则幽默故事：

一天，将军的儿子看到一位士兵。为了显示自己的身份，他故意拦住士兵问道："你父亲是做什么的？"士兵答道："是农民。"他又问道："那你父亲为什么没把你培养成农民呢？"士兵很气愤，便反问道："你父亲是做什么的？"他洋洋得意地答道："将军。"士兵又接着问："那你父亲为什么没有把你培养成一名将军呢？"

这则故事中，士兵就是用反类比推理反击将军的儿子的，即：我不是农民，你不是将军；你父亲没有把你培养成将军，所以我父亲没有把我培养成农民。

3. 合类比推理

合类比推理是根据两个或两类事物具有某些相同或相似的属性，推出它们都具有另一属性；再根据它们不具有某些相同或相似的属性，推出它们都不具有另一属性。合类比推理是正类比推理和反类比推理的综合运用，虽然它的推理前提和结论较之于它们复杂，但也比它们全面。其推理形式可以表示为：

A 事物有属性 a、b、c、d，无属性 e、f、g、h，

B 事物有属性 a、b、c，无属性 e、f、g，

所以，B 事物有属性 d，无属性 h。

4. 模拟类比推理

模拟类比推理是通过模型实验根据某个或某类事物的属性和关系推出另一个或一类事物也具有该属性和关系的推理。

仿生学可以说就是运用模拟类比推理为基础发展起来的一门学科。比如模仿青蛙眼睛的独特结构制造出"电子蛙眼"；模仿萤火虫发光的特性制造出人工冷光；模仿能放电的"电鱼"制造出伏特电池等；而模仿各种昆虫的特性制造出的科技产品就更是举不胜举了。此外，人工智能其实也是以模拟类比推理为理论基础的。比如机器人就是模仿人体结构和功能制造出来的。它们的共同特点是根据自然原型设计制造出模型，使模型具有和自然原型相同或相似的属性、功能和结构等。换言之，它是由原型推出模型的模拟类比推理。其推理形式可以表示为：

原型 A 中，属性 a、b、c 与 d 具有 R 关系，

模型 B 经设计具有属性 a、b、c，

所以，模型 B 中，属性 a、b、c 与 d 也具有 R 关系。

在某些科学研究、大型工程建设过程中，通常会先采取模型的形式进行试验，在试验成功后再进行实际应用。比如，建造大型水坝时，都会先设计一个模型进行试验，获得相关数据后再进行建造；宇航员在进入太空前也会进行多次模拟演练，待确认无误后才会进行实际探索。它们的共同特点是先根据模型具有和自然原型相同或相似的属性、功能和结构，推出它或者它的原型适用的对象也具有该属性、功能和结构的推理。其推理形式可以表示为：

原型 A 具有属性 a、b、c，

模型 B 具有属性 a、b、c，且试验证明 a、b、c 与 d 具有 R 关系，

所以，原型 A 中，属性 a、b、c 与 d 也具有 R 关系。

**类比推理的特征**

根据以上类比推理的分析，可知类比推理具有以下两大特征：

第一，类比推理是从个别到个别，从一般到一般的推理。

这是指类比推理的前提和结论都是对个别事物的个别属性或某类事物的一般属性的断定。从这个意义上讲，类比推理的前提和结论在知识的一般性程度上是一样的。

第二，类比推理是或然性推理，其结论断定的范围超出了前提断定的范围。

这是指类比推理的前提只断定了考察对象所具有的相同属性及类推属性，但并没有对它们之间的关系做断定。也就是说，考察对象可能具有类推属性，也可能不具有类推属性。因此，类比推理是或然性推理，即使前提都真，也未必能推出必然真的结论。

**提高类比推理结论的可靠性**

有哲学家指出，世界上没有完全相同的两片树叶。这是说，世界上任何事物都存在着差异，不可能绝对相同。这就动摇了类比推理所依据的事物之间的同一性或相似性的基础。换言之，事物之间存在的差异性可能使得类比推理推出虚假的结论。毕竟，谁都不能确定类比推理的类推属性一定不是考察对象的差异性。同时，类比推理前提只是列出了考察对象所具有的属性，但却并不断定它们各属性之间是否具有必然联系，这也可能导致推出虚假的结论。

那么，如何避免无效的类比推理，提高其结论的可靠性呢？

第一，推理前提中的两个或两类事物所具有的相同属性与结论中的类推属性相关度越高，结论就越可靠。所以，要尽量找出相同属性与类推属性之间程度高的联系进行推理。

第二，尽量采用推理前提中两个或两类事物所具有的本质属性进行类比，不要使用表面的或者偶然的属性，以免陷入"机械类比"的错误。所谓机械类比，就是对两个或两类表面相似、性质却根本不同的事物进行机械类比而推出结论的推理。逻辑学中，经常以欧洲中世纪神学家为了论证上帝的存在而将"世界"和"钟表"进行类比推理的事例来说明"机械类比"的错误。即：

钟表是各部分有机构成的一个整体，有规律性，有制造者，

世界也是各部分有机构成的一个整体，有规律性，

所以，世界有制造者（即上帝）。

第三，推理前提中的两个或两类事物所具有的相同或相似的属性越多，其结论就越可靠。因此，在类比事物已经确定的前提下，要尽可能多地挖掘它们之间的相同或相似的属性。它们相同或相似的属性越多，具有其他相同或相似属性的可能性就越大。在医学和科学实验中，经常对某个研究对象进行多次试验，然后根据每次试验结果的相似程度来断定研究对象是否符合预期要求，就是这个道理。

第四，在某些关于"数"或"量"的类比推理中，要尽量采用比较弱或不精确的描述，以提高结论的可靠性。比如：

在某汽车公司对其新型汽车进行试驾试验后得知：甲车行驶35公里，耗油1千克。那么，由此可以推出：

（1）乙车行驶35公里，耗油1千克；

（2）乙车行驶30多公里（或30到40公里），耗油1千克。

显然，第二个结论要比第一个结论更可靠些。

**类比推理的作用**

类比推理的过程是一个启发思维、激活思维的过程，也是一个进行思维比较的过程。在这个过程中，类比推理实际上是把人们对事物的认识进行了重新组合。因此，它在人们进行思维活动过程中，有着极其重要的作用。

第一，类比推理是开拓人们的视野、丰富人们的认识的手段，是通向创新的桥梁。比如，鲁班根据荷叶发明雨伞、根据带齿的茅草发明铁锯用的是类比推理；纳米武器专家纳勒德根据《西游记》中孙悟空变成小虫子钻入铁扇公主肚子里的故事开始研制纳米武器也是用的类比推理。

第二，类比推理是一种创造性思维方法，对人们提出假说、探索并发现真理有着重要作用。比如，阿基米德根据洗澡时水溢出浴盆的现象发现了"浮力原理"是用的类比推理；英国医生哈维通过对蛇的实验发现了血液循环的理论也是用的类比推理。

第三，类比推理是仿生学的理论基础，在科学发明和发展方面有着重要作用。

此外，类比推理还是人们说明道理、论证思想、说服他人以及进行辩护的有力武器。比如，荀子在《劝学》中，通过"蓬生麻中，不扶而直；白沙在涅，与之俱黑。兰槐之根是为芷，其渐之滫，君子不近，庶人不服"的类比说明"君子居必择乡，游必就士，所以防邪辟而近中正也"的道理；而孟子通过类比推理论证自己的思想、说服君主接受自己建议的例子更是不胜枚举。

由此可见，类比推理与演绎推理、归纳推理一样，是人们认识客观世界的有力工具，在科学研究和人们的日常生活中起着重要作用。

## 比较中的证认推理

### 比较中的证认推理的含义和形式

春秋时代，秦国有个人叫孙阳，因为善于相马，被人们称为"伯乐"。为了不让自己相马的技艺失传，也为了让更多的人学会相马，孙阳根据自己多年积累的经验撰写了《相马经》，并配上了各种马的图像。孙阳的儿子看了父亲的《相马经》后，以为相马很容易，便天天拿着书到处找好马。一天，他看到一只癞蛤蟆，很像书上描述的千里马，便喜不自胜地带回去给父亲看："我找了匹千里马，只是蹄子差了些。"孙阳为儿子的愚蠢哭笑不得，便玩笑道："可惜这马太喜欢跳了，不能用来拉车。"

这就是"按图索骥"的故事。在这里，孙阳之子运用了"比较"的方法，也就是通过比较图像与马的特征，来判断所找到的马是不是千里马，只不过他没有看到二者的本质属性，所以才闹了笑话。

用"按图索骥"来比喻"比较中的证认推理"，虽然不大恰当，但也可以说明它的某些特征。所谓比较中的证认推理，就是以事物具有的某些"标记"为依据，通过某事物与其他事物的比较而证实、确认该事物与其他事物之间关系的推理。其推理形式可以表示为：

　　事物标记

　　Aa1，a2，a3；

　　Bb1，b2，b3；

　　Cc1，c2，c3；

　　……

　　X：a1，a2，a3( 或 b1，b2，b3；或…… )

　　所以，X 是 A( 或 B；或…… )

　　其中，A、B、C 表示已知事物，"X"表示需要证认的未知事物，a、b、c 表示标记。比较中的证认推理就是以 a、b、c 这些标记为依据，通过需要证认的 X 与已知事物 A、B、C 的比较，来证认 X 是 A 或 B 还是 C。

**比较中的证认推理的运用**

　　通过需要证认的事物与已知事物的影像摹本或标本的比较，来证认该事物是否是已知事物的方法是比较简单的、低级的推理方法，也是比较中的证认推理最基本的运用。

　　公安人员在刑侦过程中，会根据目击者的描述画出犯罪嫌疑人的样子，然后再将此作为侦破案件的重要线索。成语"画影图形"就是说的这个意思。不管是在小说中还是影视剧中，我们都经常看到官府画影图形，将绘有犯罪嫌疑人的图画悬于城墙之上通缉的情节。据说，曾经有个小偷到毕加索家里行窃，正好被毕加索的女仆看见，于是她急忙找到纸笔将小偷的容貌画了出来。警察根据女仆所描画的形象，很快抓到了小偷。这实际上都是将需要证认的事物与已知事物的影像摹本做比较，从而证实该事物与已知事物的关系。

　　曾经热播一时的《大宋提刑官》中有这么一个情节：

　　一个地方发生了杀人案，宋慈接到报案后迅速赶到了现场。经过多方查证推理后，发现死者是被人用刀杀死的，而且凶手是本地人。但是，当地几乎每家都有那样的刀，如何找出凶器呢？

于是，宋慈派人将当地所有和凶器一样的刀都取来，堆成一堆放在院子里，然后就在那里等。没过多长时间，只听"嗡嗡"的响声由远及近，院子里突然来了许多蚊子。而且这些蚊子都飞向其中的一把刀，宋慈立刻让人取过那把刀，说："这就是凶器。"

其实，宋慈就是通过比较来证认凶器的：刀杀人后一定会有血迹，虽然血可以洗掉，但上面的血腥味短时间内却不会消失，而蚊子又是嗜血的，自然会循着血腥味而来。这就是通过刀上留下的这种"标记"来证认推理出凶器的。

当然，比较中的证认推理不仅适用于日常生活和刑事侦查中，也适用于科学研究和科学发现中，是一种重要的科学研究方法。

英国地质学家赖尔就是运用这种推理方法创立地质进化论的。他在《地质学原理》这部地质进化论思想的经典著作中写道："现在在地球表面上和地面以下的作用力的种类和程度，可能与远古时期造成地质变化的作用力完全相同。"这就是"古今一致"的原则。既然作用于地球的各种自然力古今一致，那么人们就可以根据现在看到的仍然在起作用的自然力推论过去。通过对现存的各种生物化石的比较，来证认推理出地质历史时期的各种地质作用和地质现象。这种以现在推论过去的现实主义方法，后人将其概括为"将今论古"。

此外，比较中的证认推理也是"根据古代人类通过各种活动遗留下来的物质资料研究人类古代社会的历史"的考古学的重要研究方法。所谓实物资料就是古代社会遗留下来的各种遗迹和遗物，它们实际上就是古代社会方方面面的"标记"。比如，甲骨文就是商周时代的"标记"；各种神殿、寺庙、祭坛、祭具、造像、壁画、经卷是各时代宗教神学的"标记"；各时代遗留下来的古钱则是它们在商业经济上的"标记"；同时，在美术、航空、植物、地质、人的体质以及各种典籍史料等中也可以发现古代社会的各种"标记"。从这些标记中证认推理出古代社会的各种情况，就是比较中的证认推理的具体运用。

### 比较中的证认推理与类比推理的关系

比较中的证认推理与类比推理有着一定的相似之处，也有着明显的区别。

相似之处是这两种推理都是运用对比的方法来考察、认识事物之间的关系的，都是人们认识客观事物的重要手段，并且在日常生活以及科学研究中都发挥着重要作用；此外，它们都是或然性推理，其结论都不是必然结论。

其区别在于，类比推理一般是在两个或两类事物中进行类比推理的，而比较中的证认推理可以将需要证认的事物同时与多个（或类）事物进行比较；类比推理是根据两个或两类事物在某些属性上相同或相似，推出它们在另外的属性上也相同或相似，比较中的证认推理则是依据某些"标记"，来推理出该事物和已知事物之间的关系，或者说推出该事物就是已知事物。

明白了二者的相似与区别，才能根据考察对象的不同特点采用恰当的推理方式，更好地为人们认识客观世界服务。

## 概率归纳推理

### 概率的定义

据统计，全国 100 个人中就有 3 个彩民。对北京、上海与广州 3 个城市居民调查的结果显示，有 50% 的居民买过彩票，其中 5% 的居民是"职业"彩民。而要计算彩票的中奖率，就要用到数学中的概率。作为数学中的一个分支学科，概率的历史并不久远。那么，什么是概率呢？

1. 概率的古典定义

每次上抛一枚硬币，出现正面或反面朝上的概率都是二分之一；每次掷一枚骰子，出现 1 到 6 任一个点的概率都是六分之一。它们的概率就是硬币或骰子可能出现的情况与全部可能情况的比率。可见，概率就是表征随机事件发生可能性大小的量。

如果我们做一个试验，并且这个试验满足这两个条件：（1）只有有限个基本结果；（2）每个基本结果出现的可能性是一样的。那么这样的试验就是概率的古典试验。如果我们用 P 表示概率，用A表示试验中的事件，用m表示事件A包含的试验基本结果数，用n表示该试验中所有可能出现的基本结果的总数目，那么P（A）=m/n。这就是概率的古典定义。

但是，在实际情况中，与一个事件有关的全部情况并不是"同等可能的"，比如某一产品合格不合格并不一定是同等可能的，而概率的古典定义恰恰是假定了全部可能情况都是同等可能的。鉴于这种局限性，就出现了概率的统计定义或频率定义。

2. 概率的统计定义

在一定条件下，重复做n次试验，nA为n次试验中事件A发生的次数，如果随着n逐渐增大，频率nA/n逐渐稳定在某一数值p附近，则数值p称为事件A在该条件下发生的概率，记做P(A)=p。这个定义称为概率的统计定义。也就是说，任一事件A出现的概率等于它在试验中出现的次数与试验总次数的比率。比如，抛一枚硬币出现正面的概率是二分之一，那么抛两枚硬币出现正面的概率就是两个二分之一的乘积，即四分之一。

**概率归纳推理的兴起与发展**

18世纪40年代，英国心理学家、哲学家和经济学家约翰·穆勒在他的《逻辑体系》中以很大篇幅讨论了偶然性问题，认为概率论只同经验定律的建立有关，而与作为因果律的科学定律的建立无关，但并没有把概率论应用于归纳；最早将归纳同概率相结合的是德摩根和耶方斯。耶方斯在他的《科学原理》中说明："如果不把归纳方法建立于概率论，那么，要恰当地阐释它们便是不可能的。"耶方斯认为一切归纳推理都是概率的。他的工作实现了古典归纳逻辑向现代归纳逻辑的过渡。

现代概率归纳逻辑始于20世纪20年代，以逻辑学家凯恩斯、尼科及卡尔纳普和莱欣巴赫等人为代表。他们通过采用不同的确定基本概率的原则及对概率的不同解释，形成了不同的概率归纳逻辑学派。1921年，凯恩斯将概率与逻辑相结合，提出了第一个概率逻辑系统，这就标志着归纳逻辑以现代的面貌出现了。凯恩斯在推进归纳逻辑与概率理论的结合上做出的历史性贡献，使他成为现代归纳逻辑的一位"开路先锋"。现代概率归纳逻辑的另一代表人物卡尔纳普在 20 世纪 50 年代提出了概率逻辑系统，这一体系宣告了归纳逻辑的演绎化、形式化和定量化，将概率归纳逻辑推向了"顶峰"。

### 概率归纳推理的含义与特征

概率归纳推理就是由某一事件中个别对象出现的概率推出该类事件中全部对象出现的概率的推理。其逻辑形式可以表示为：

$S_1$ 是 P，

$S_2$ 是 P，

$S_3$ 不是 P，

……

$S_n$ 是 P，

$S_1$、$S_2$、$S_3$……$S_n$ 是 S 类的部分对象，

并且 n 个事件中有 m 个是 P，

所以，所有的 S 都有 m/n 的可能性是 P。

其中，P 指概率，S 指研究的事件，n 指研究的事件中的全部对象，m 则指部分对象。比如，在检验某产品的合格率时就可采用这种概率归纳推理。

概率归纳推理有以下几个特征：

第一，它从某一事件中个别对象的概率推出该事件中全部对象的概率，因此概率归纳推理也是由个别到一般、由特殊到普遍的推理；

第二，概率归纳推理是或然性推理，其结论断定的范围超出了前提断定的范围；

第三，即使推理前提都真，也不能推出必然真的结论；

第四，即使出现反例，概率归纳推理也不影响人们对考察对象的大致了解。这也是它与简单枚举归纳推理的不同之处。

### 提高概率归纳推理结论可靠性的方法

在实际运用概率归纳推理时，应该尽可能地提高其结论的可靠性。只有这样，才能得出较为真实的结论，用以判断事件的整体情况。

第一，观察次数越多，考察范围越广，结论的可靠性就越大。

这主要是因为在运用概率归纳推理时，必须要先求出事件出现的概率。根据概率的统计定义，任一事件 A 出现的概率，就是 A 在若干次试验中出现的频率。这就决定了进行试验的次数对所得结论可靠性的影响。同时，考察的范围越广，对于可能出现的情况就考察得越全面，这也可以提高结论的可靠性。

第二，重视客观条件对考察对象的影响，随着客观情况的变化对试验做适当调整。在对某事件进行考察时，难免受到客观情况的影响，有时这种影响还会很大。比如对天气情况的考察会受到气候等各种因素的影响；对比赛胜负的考察会受到参赛选手身体状况以及天气情况等的影响；对考试成绩的考察也会受到参考人员水平的发挥情况、考试环境等的影响。而这些客观情况又势必会影响到试验结果，最终影响到概率归纳推理结论的可靠性。因此，在进行概率归纳推理时，要注意客观情况的变化，这也是避免发生"以偏概全"错误的有效方法。

现代科学的发展是概率归纳推理兴起的原因之一，而概率归纳推理又反过来影响并推动着现代科学的发展。作为一种重要的研究工具，概率归纳推理已经被广泛应用于社会各领域，并且发挥着越来越重要的作用。

## 统计归纳推理

### 统计学

通常来说，"统计"有3个含义：统计工作、统计资料和统计学。统计工作是指搜集、整理和分析客观事物总体数量方面资料的工作过程；统计资料是指统计工作所取得的各项数字资料及有关文字资料；统计学则是指研究如何搜集、整理和分析统计资料的理论与方法。我们在这里说的主要是统计学。

不管是日常生活还是科学研究，统计都是一种重要的方法。而要运用统计方法，就不得不先了解几个基本概念，即总体、个体、样本。总体就是指研究对象的全体；个体就是总体中的每个对象。为了推断总体分布和各种特征，可以按一定规则从总体中抽取一定的个体进行观察试验以获得总体的有关信息，其中被抽取的部分个体就叫样本，而抽取样本的过程就叫抽样。

比如，要对高二（1）班的 50 名学生的数学成绩进行考察，这 50 名学生就是总体，其中每个学生就是总体中的个体。如果抽取 10 名学生进行考察，这 10 名学生就是样本，抽取这 10 名学生的过程就叫抽样。如果用抽取的这 10 名学生的成绩之和除以人数，就能得到他们的数学平均成绩。这个平均成绩就是这 10 名学生数学成绩的算术平均数。

所谓算术平均数就是用所考察的一组数据的和除以这些数据的个数而得到的数。比如，如果上述 10 学生的数学成绩分别是 85、78、90、81、83、89、77、85、72、80，用它们的成绩之和除以 10，所得的 82 就是算术平均数。

### 统计归纳推理的含义和形式

一般来说，统计归纳推理包括估计、假设检验和贝叶斯推理 3 种形式。其中，估计是由样本的有关信息推出具有某种性质的个体在总体中所占的比率；假设检验是运用有关样本的信息对统计假说（具有某种性质的个体在总体中所占的比率）进行否定或不否定；贝叶斯推理则不仅要根据当前样本所观察到的信息，而且还要考虑推理者过去所积累的有关背景知识。

我们这里讨论的统计归纳推理就是由样本具有某种属性推出总体也具有该属性的推理。作为归纳推理的主要形式之一，统计归纳推理是以一些数据或资料为前提，以概率演算为基础，由样本所含单位具有某属性的相对频率推出总体所含单位具有该属性的概率。比如，我们就可以由所得出的 10 名学生 82 分的数学平均成绩来推出高二（1）班学生的数学总平均成绩也是 82 分。统计归纳推理的推理形式可以表示为：

S1 是 P，

S2 是 P，

S3 不是 P，

……

Sn 是 P，

S1、S2、S3……Sn 是 S 类的部分对象，

并且其中有 m 个是 P,

所以,所有的 S 中有 m/n 个是 P。

## 统计归纳推理中易出现的错误

我们前面在推出高二(1)班学生的数学总平均成绩时运用的是最简单的统计归纳推理形式,它的准确性是有待考究的。因为,所抽取的学生的数量多少、是否具有代表性以及抽取过程是否随机都会影响到推理结论的准确性。

第一,抽样不准会得出错误的结论。所谓抽样不准,主要是指所抽取的样本不具有代表性。比如,如果要对某地区居民网上购物的情况做统计,就要注意研究对象中个体是否具有较大的差异性。如果某些居民从不网上购物甚至不知道如何进行网上购物,那么抽取这些样本所得到的结论就必然是错误的。要保证样本的代表性,就要保证抽样的随机性,即随机抽样。随机抽样又叫概率抽样,就是对总体的对象进行随机性抽取,使每一对象都有同等的机会成为样本。只有这样,才能保证推理结论的正确性。

第二,统计归纳推理中,经常会遇到一些"百分比"。如果把这些百分比都当成统计数字,就会陷入"数字陷阱"中。比如,A 市今年的生产总值比去年增长了 1.2%,B 市的则比去年增长了 1.3%。从这两个数据中,我们只能推出今年 B 市的经济增长速度比 A 市快,但不能推出 B 市一定比 A 市富裕。

第三,对统计平均数的解释不规范或者错误时,也会得出错误的推理结论。比如,某机构曾经对高校学生对《知识产权法》的掌握程度进行抽样调查,最后发现第一组学生成绩的优秀率达到 60%,而第二组只有 20%。于是该机构就认为该校学生对《知识产权法》的掌握程度差异很大。但是这个结论未必是正确的,因为如果选取的第一组样本是法律系学生,第二组样本是其他系学生,那么他们得出的结论就自然是错误的了。

第四,如果没有注意到统计数据的变化,也可能导致错误的推理结论。这包括两种情况:一种是用过去的统计数据来对现在的事件进行推论或用彼处的统计数据对此处的事件进行推论。显然,不同时间、地点得出的统计数据也是不同的。换言之,即使时间相同，抽取样本的不同也会得出不同的结论；即使样本相同，不同时间的抽取所得的结论也是不同的。第二种是对统计数据进行进一步分析前，因为没有考虑到数据的变化而导致推出错误的结论。这就是说，在对现有统计数据进行进一步分析时，要事先确定这些数据的有效性，以免因没有发现数据的变化而影响结论的正确性。

### 提高统计归纳推理结论可靠性的方法

作为归纳推理的一种，统计归纳推理也具有归纳推理的一般特征：其一，是由个别到一般的推理；其二，是或然性推理，不能推出必然真的结论；其三，结论断定的范围超出了前提断定的范围。因此，在进行统计归纳推理时，除了避免错误外，还要尽可能地提高统计归纳推理结论的可靠性。

第一，保证适当大的样本的容量（即样本所包含的个体数目）。如果样本的容量太小，不管是数量还是范围，都不能准确地反映总体的情况，所得的结论也就不可靠。只有保证适当大的样本容量，才能保证推理结论的可靠性。

第二，要抽取能反映总体情况的具有代表性的样本。这就要求我们在抽取样本时要随机抽取，不能有意识地只抽取好的或只抽取坏的，这也是保证推理结论可靠性的重要一环。

在应用上，统计归纳推理与概率归纳推理一样，也是现代科学研究的重要工具。事实上，现代归纳逻辑就是通过概率论、统计学作为中介而实现在科学、经济学、商业等中的应用的。以归纳逻辑作为理论基础的数理统计、统计推理是归纳逻辑走向现代和走向应用的桥梁，它为归纳逻辑的现代应用开启了一扇大门。